公民科学素质高质量发展指数构建与评价

任磊 高宏斌 严洁 等 著

CONSTRUCTION AND EVALUATION OF
THE HIGH-QUALITY DEVELOPMENT INDEX
ON

SCIENTIFIC LITERACY

社会科学文献出版社
SOCIAL SCIENCES ACADEMIC PRESS (CHINA)

《公民科学素质高质量发展指数构建与评价》
编 写 组

著　　者　任　磊　高宏斌　严　洁
课题组成员　（以姓氏笔画为序）
　　　　　　　马　啸　冯婷婷　任　磊　刘颜俊
　　　　　　　刘燚飞　汤溥泓　严　洁　苏　虹
　　　　　　　余　典　周　强　高宏斌　郭凤林
　　　　　　　黄乐乐　盛婷竹　焦越珊　谭　成

前　言

党的二十大把高质量发展明确作为全面建设社会主义现代化国家的首要任务，进一步凸显了高质量发展的全局和长远意义。《全民科学素质行动规划纲要（2021—2035年）》提出以提高全民科学素质服务高质量发展为目标，以科普和科学素质建设高质量发展服务和推动经济社会高质量发展。如何建立科学素质与高质量发展的联系，进一步明确科学素质高质量发展对经济社会高质量发展的服务和促进作用，成为新时代科普研究领域一项重要命题。

科学素质是国民素质的重要组成部分和人的全面发展的重要体现，同时也是经济发展和社会文明进步的重要成果。科学素质作为人力资本和科技人力资源的重要基础，为推动高质量发展提供要素支撑，科学素质与经济社会发展在宏观层面存在互为促进、高度相关的关系。本书在2020年第十一次中国公民科学素质调查结果基础上，依托中国公民科学素质调查和经济社会发展相关数据，深入探讨科学素质与区域经济发展、社会发展的关系，重点研究公民科学素质服务创新型经济发展和社会治理能力提升之间的内在机制和相关路径，从阶段发展角度对不同区域的发展水平与发展方向进行横向和纵向梳理，构建处于不同发展阶段的区域公民科学素质发展理论框架，在此基础上梳理总结科学素质助力经济社会高质量发展的相关理论。

在加快构建新发展格局、大力推进科技强国建设的进程中，持续提升全民科学素质是高质量发展的内在要求。深入探索公民科学素质在推动高质量发展中的作用，进一步探析公民科学素质与科技创新、服务高质量发展的广泛联系，构建科学素质助力高质量发展的评价体系，从科学素质质量、科学发展环境和科技创新效能三个维度编制公民科学素质高质量发展指数，从科学素质助力高质量发展视角，综合评价各地公民科学素质与经济社会发展状况及结构特征。此外，通过专题研究的形式，对省域、重点城市公民科学素质高质量发展指数展开分析，进一步明确提升公民科学素质对于释放区域创新发展动能、助力经济社会高质量发展的重要作用。

期待本书的探索能够为科普领域研究人员和科普工作者提供参考。

目 录

第一章　提升公民科学素质，助力经济社会高质量发展 ………… 001
 一　科学素质与经济社会发展存在阶段对应关系 ……………… 003
 二　科学素质发展的阶段性特征 ………………………………… 007
 三　科学素质发展的三个主要阶段 ……………………………… 015
 四　提升公民科学素质，助力经济社会高质量发展 …………… 016

第二章　科学素质与经济社会发展的主要路径关系 ……………… 018
 一　科学素质与经济社会发展的路径关系 ……………………… 019
 二　科学素质与经济社会发展的路径分析 ……………………… 022
 三　小结 …………………………………………………………… 052

第三章　构建公民科学素质高质量发展指数 ……………………… 055
 一　构建科学素质高质量发展指标体系的意义 ………………… 055
 二　科学素质高质量发展指标体系的理论基础 ………………… 057
 三　科学素质高质量发展的主要结构维度 ……………………… 062
 四　科学素质高质量发展指数的构建与测度 …………………… 070

第四章　省域科学素质高质量发展的状况与类型 ………………… 075
 一　省域科学素质高质量发展的主要类型 ……………………… 075

二　分项指标的排序与分析……………………………………080
　　三　与其他高质量发展指数的比较分析…………………………086
　　四　小结……………………………………………………………087

第五章　经济百强城市科学素质高质量发展评价……………………089
　　一　城市科学素质高质量发展指标体系建构与测度……………089
　　二　城市科学素质高质量发展的不同类型………………………101
　　三　加强科学素质高质量发展的区域协同………………………135
　　四　与其他城市排名的比较分析…………………………………148
　　五　小结……………………………………………………………152

参考文献……………………………………………………………………155

第一章

提升公民科学素质，助力经济社会高质量发展

党的十八大以来，习近平总书记高度重视科技创新和科学普及工作，在2016年"科技三会"上强调"科技创新、科学普及是实现创新发展的两翼，要把科学普及放在与科技创新同等重要的位置。没有全民科学素质普遍提高，就难以建立起宏大的高素质创新大军，难以实现科技成果快速转化"。在2020年科学家座谈会上强调"对科学兴趣的引导和培养要从娃娃抓起"；在2021年两院院士大会、中国科协第十次全国代表大会上强调，"形成崇尚科学的风尚，让更多的青少年心怀科学梦想、树立创新志向"。

党的二十大报告中提出"加强国家科普能力建设"。习近平总书记在2023年2月21日二十届中央政治局第三次集体学习时指出，要加强国家科普能力建设，深入实施全民科学素质提升行动。这些重要论述和战略部署，对全面提高人口科学文化素质、健康素质、思想道德素质，推动实现人的全面发展，以人口高质量发展支撑中国式现代化，服务全面建设社会主义现代化国家战略任务，具有重要指导意义。

2006年《全民科学素质行动计划纲要（2006—2010—2020年）》（以下简称《科学素质行动计划纲要》）发布以来，在我国经济社会快速发展、综合国力迅速提升的背景下，公民科学素质建设取得显著成效，公民科学素质水平持续提升。中国科协发布的第十一次中国公民科学素质抽样调查结果显

示，2020年中国具备科学素质的公民比例已达10.56%，较2010年的3.27%增长了7.29个百分点，比《科学素质行动计划纲要》实施前2005年的1.60%提高了8.96个百分点。我国公民科学素质水平总体大幅提升，特别是"十三五"以来公民科学素质的持续快速提升，与我国进入高质量发展阶段呈现较强的对应关系，表明公民科学素质与经济社会发展之间存在较为密切的联系。

在"两翼理论"指导下，为贯彻落实党中央、国务院关于科普和科学素质建设的重要部署，落实国家有关科技战略规划，2021年6月国务院印发《全民科学素质行动规划纲要（2021—2035年）》（以下简称《科学素质纲要》），指出"提升科学素质，对于公民树立科学的世界观和方法论，对于增强国家自主创新能力和文化软实力、建设社会主义现代化强国，具有十分重要的意义"。"两翼理论"和《科学素质纲要》对科学素质重要性的强调均表明：一个国家的创新水平越来越依赖全体劳动者科学素质的普遍提高，全民科学素质为我国高质量发展提供有力支撑。

2022年9月，中办、国办印发《关于新时代进一步加强科学技术普及工作的意见》，统筹推进科学技术普及和科技创新工作，为新时代科普事业发展提供有力支持，发挥科普在弘扬科学精神、培养科技创新人才、营造社会创新氛围等方面的重要作用，对深入推进科普事业发展，提升公民科学素质，加快实现高水平科技自立自强具有重要意义。

随着科学的社会功能不断加强，科学素质所体现的知识价值、经济价值和社会价值不断提升。因此，探讨科学素质与区域经济发展、社会发展之间的关联和理论框架具有重要的现实意义和实践价值。研究公民科学素质服务创新型经济发展和社会治理能力提升之间的内在机制和具体路径，并在此基础上探索建立一套科学素质与经济社会发展的理论体系，进一步明确公民科学素质在经济社会进步中发挥的作用，从发展阶段和发展模式角度对不同区域发展水平与发展方向进行横向和纵向梳理，以构建不同发展阶段、不同发展方式下区域科学素质发展理论框架。

为此，中国科普研究所科学素质研究团队联合北京大学政府管理学院自2019年开始共同开展公民科学素质与经济社会发展的持续研究，由中国科普研究所团队设计制定总体研究目标和框架，北京大学团队对科学素质与经济社会发展相关领域进行路径探索和量化分析，双方分别从科学素质和经济社会发展的视角进行总结提炼，形成理论成果。

全书分为五个部分：一是分析研究本世纪以来我国公民科学素质快速提升与经济社会发展的阶段对应关系；二是分析科学素质与高质量发展的路径关系，聚焦科学素质与产业结构、创新聚集、社会治理、公众参与等要素的对应关系，进一步明确科学素质助力高质量发展的作用机制；三是构建公民科学素质高质量发展指数，采用指数方式评价公民科学素质与科技创新的密切关系、服务高质量发展的广泛联系；四是使用指数分析各省公民科学素质高质量发展状况与类型，探索各地高质量发展的路径与成效；五是分析全国经济百强城市公民科学素质助力高质量发展的层次与特征，分析区域发展战略背景下城市间科学素质高质量发展的区域协同。

在建设世界科技强国，全面建成社会主义现代化国家的目标指引下，本章通过对科学素质与经济社会发展规律的分析和探索，将宏观发展规律与区域实践情况相结合，总结提炼公民科学素质与经济社会发展的相关理论。

一 科学素质与经济社会发展存在阶段对应关系

（一）公民科学素质与经济社会发展存在高度对应关系

本世纪以来我国经济实力迅速提升，综合国力大大增强，从2000年我国国内生产总值（GDP）居世界第6位（1.08万亿美元），到2010年我国国内生产总值首次超过日本跃居世界第2位（5.88万亿美元），再到2019年我国人均国内生产总值突破1万美元大关。近年来，我国在国内生产总值保持世界第二的同时逐步缩小与美国的差距。

现代经济学中，经济的持续增长不仅体现为经济总量的扩张，还涵盖其他相关的社会现象，如经济效益的提高、人力资本的提升、产业结构的优化、资源的合理使用以及自然环境的改善等。内生经济增长理论的基本观点认为应该用内生因素解释长期的经济增长率，即在劳动投入过程中包含因正规教育、培训、在职学习等而形成的人力资本，在物质资本积累过程中包含因研究与开发、创新等活动而形成的技术进步。

经济的持续增长是指较长时期内经济能够保持较高的增长速度，其实现基础是保持经济增长要素的持续供给。从发达国家发展规律来看，现代经济增长有两个趋势：从资本收入比例的长期变动趋势来看，相对于收入，资本的使用越来越少；相对于国民资源的增长，国民收入增长更快。这两个趋势均可用人力资本投资及其产生的科技进步来解释，而教育则是开发人力资本的关键所在。相关研究表明，一个落后国家要经过三个追赶阶段：第一阶段由资本积累和劳动投入推动经济增长；第二阶段以技术模仿取代资本积累推动经济增长；第三阶段以技术创新推动经济增长。目前我国正处于第三阶段的起始期，培养大批高层次科技创新人才和大批中等技术与技能人才，对于我国 2035 年基本实现社会主义现代化目标具有十分重要的作用。总体来看，过去 20 余年中国经济的高速发展与大量新增人口所形成的"人口红利"密不可分，在我国从高速发展进入高质量发展阶段，"人才红利"将成为发展的重要支撑。

在公民科学素质建设方面，以 2006 年颁布实施《科学素质行动计划纲要》为标志，持续开展公民科学素质建设，提高全民科学素质成为本世纪以来全面建设小康社会，落实创新驱动发展战略的一项重要工作。国家和各级政府将《科学素质行动计划纲要》纳入有关规划，制定政策法规，加大公共投入，推动纲要实施。推动全民学习、终身学习的学习型社会建设，促进人的全面发展，在全社会形成崇尚科学、鼓励创新、尊重知识、尊重人才的良好风尚。以人为本，实现科学技术教育、传播与普及等公共服务的公平普惠，促进社会主义物质文明、政治文明、精神文明与和谐社会建设全面发展。

在各级政府的高度重视下，各级财政持续加大全民科学素质工作投入，中央和各地的全民科学素质纲要实施工作经费均随着财政收入增长而明显增长。2013~2022 年，全国财政科普支出 1455.31 亿元，年均增长 8.16%。2020 年，全社会科普经费筹集额达到 171.72 亿元，比 2006 年增长 266.7%。科普场馆建设提速发展，2020 年全国共有科技馆和科技类博物馆 1525 个，比2006年增加193.8%。公民科学素质建设工作经过约20年的发展取得了长足进步，公民科学素质水平得到明显提升。

科学素质作为人的全面发展的主要体现和经济社会发展的重要成果，同时又作为人力资本和科技人力资源的重要构成基础，为推动经济持续增长提供要素支撑。因此，科学素质与经济社会发展存在相互作用、互为促进的关系。我们将本世纪以来我国公民科学素质水平与经济总量和人均国内生产总值的增长情况进行比较，能够直观地看出三者之间呈现较为一致的增长趋势（见图1-1）。

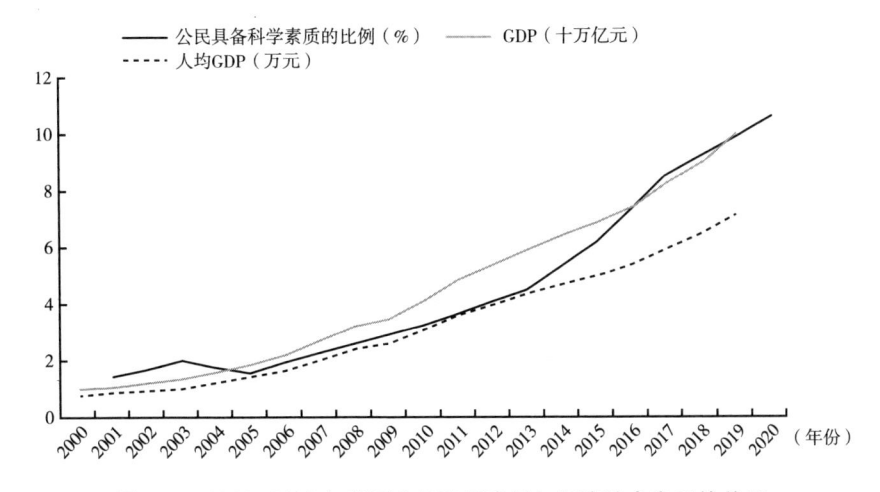

图1-1 2000~2020年我国公民科学素质与经济社会发展的关系

将历次调查中我国公民具备科学素质的比例、历年国内生产总值、历年人均国内生产总值三个变量进行相关分析，探究三者的关联性。结果表明，2000~2020年，公民科学素质提升与我国经济增长和人均生产总值呈现高度相关性，相关系数分别达到0.968和0.964，表明科学素质与经济社会发展存在强相关关系。

（二）公民科学素质发展符合S形增长趋势

从公民科学素质自身发展来看，20世纪80年代以来，促进公民科学素质提升在国际上形成广泛共识，美、欧、日等多个国家和地区通过调查了解公民科学素质水平。我国1992~2020年开展了11次全国公民科学素质抽样调查，得到了连续、大量、翔实的基础数据。回顾我国具备科学素质的公民比例从2001年1.44%增长到2020年10.56%的过程，以及美国具备科学素质的公民比例从20世纪末12%发展到2015年28.5%的过程，根据S形曲线的增长规律进行Logistic曲线拟合，在多个参数的修改和模型适配后，我们得到与中美发展实际情况拟合较好的公民科学素质S形增长曲线。国内外经验表明，公民科学素质总体符合从缓慢增长到持续快速提升再到高质量平稳发展的S形增长规律。如图1-2所示，科学素质水平在5%~30%区间为快速提升阶段，超过30%将进入高位稳定发展阶段。进入本世纪，我国公民科学素质水平不断提升，从2001年的1.44%到2005年的1.60%、2010年的3.27%、2015年的6.20%、2018年的8.47%，直至2020年的10.56%，处于年均增长约1个百分点的快速提升阶段，参照美国、欧盟、日本等国家和地区同期公民科学素质发展情况，未来15~20年我国公民科学素质仍将按照S形曲线规律保持约1个百分点的年均增长趋势，据此推算到2025年我国公民科学素质水平将超过15%。

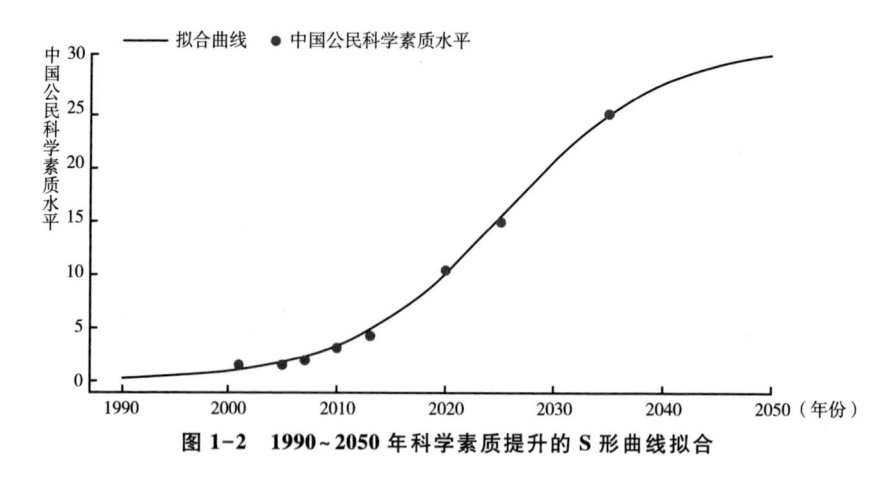

图1-2 1990~2050年科学素质提升的S形曲线拟合

从S形曲线特征来看，公民科学素质发展呈现三个主要阶段，在最初阶段由于经济社会发展基础相对薄弱，在提升经济实力、夯实社会基础的过程中，科学素质缓慢提升；当经济社会发展达到一定水平，随着人民生活的改善和教育投入的增加，各项要素共同改善将形成较强的协同效应，共同促进科学素质进入快速提升阶段；当经济社会发展达到较高水平，公共服务水平的提升和教育改善带来的边界效应递减，科学素质进入成熟发展期，逐步走向S形曲线的顶端，达到高位平衡状态，待技术或其他科学素质的重大影响因素有所突破，打破高位均衡，再次进入新一轮的科学素质S形发展阶段。

分析2010年、2015年、2018年和2020年中国公民科学素质调查的四次省级截面数据，我国公民科学素质整体水平快速提升的同时，不同地区公民科学素质发展在过去10年呈现较大差异，东部地区、发达省市公民科学素质基础较好，增长幅度相对较大；西部地区、经济社会基础薄弱省份科学素质水平处于夯实基础阶段，增长幅度相对较小；2015年之后，中部地区和长江流域经济带省份公民科学素质发展趋势发生转变，开始进入快速增长期。2010~2020年我国不同地区公民科学素质呈现的发展特征，进一步印证了公民科学素质的S形发展趋势，下文将具体探析各地科学素质状况与其经济社会发展的阶段对应关系。

二 科学素质发展的阶段性特征

（一）我国经济社会发展的重要阶段特征

按世界银行数据，2022年收入分组标准为：人均国民总收入低于1035美元为低收入国家，1036~4045美元为中等偏下收入国家，4046~12535美元为中等偏上收入国家，高于12535美元为高收入国家。根据世界银行资料，我国在1997年之前属于低收入国家，1998年进入中等偏下收入国家行列，2010年进入了中等偏上收入国家行列，按照近年来我国人均收入的增长趋势，我国将在2025年前后进入高收入国家行列，从而在不到30年时间里完成从低收入国家到高收入国家的历史性跨越，过去20年我国公民科学素质的快速提升，与经济社会的快速发展基本同步。

党的二十大报告指出，进入新时代，我国经济总量实现历史性跃升，国内生产总值从54万亿元增长到114万亿元，我国经济总量占世界经济的比重达18.5%，提高7.2个百分点，稳居世界第二位；人均国内生产总值从3.98万元增加到8.1万元。面向2035年，我国发展的总体目标是：经济实力、科技实力、综合国力大幅跃升，人均国内生产总值迈上新的大台阶，达到中等发达国家水平，基本实现社会主义现代化。

科学素质作为人的全面发展和社会文明程度的主要体现，在实现社会主义现代化、迈向世界科技强国的新征程中，在加快构建新发展格局、着力推动高质量发展的历史进程中，将在科技创新、社会治理等多个方面发挥越来越重要的作用。我们认为，公民科学素质发展呈现S形曲线特征的三个主要阶段，与经济社会发展主要领域之间存在阶段对应关系。

（二）科学素质发展的门槛效应与阶段特征

2020年中国科协组织开展了第十一次中国公民科学素质抽样调查，此次调查范围覆盖我国大陆31个省、自治区、直辖市和新疆生产建设兵团的18~69岁公民，回收有效问卷30.98万份，并首次实现了对419个地市级单位（333个城市和直辖市86个区县）全覆盖。2020年调查采集了我国所有地级市公民科学素质发展状况数据，得到我国31个省级和341个城市两个截面的科学素质结果。

调查显示，2020年上海、北京和深圳的公民科学素质水平均超过20%，具备较高的公民科学素质水平，形成了崇尚科学、积极创新的良好科学文化氛围，为建设全球创新中心奠定了坚实的人力资源基础。南京、杭州、广州、天津、苏州、武汉等城市的公民科学素质水平超过15%，位于全国前列，具备了形成崇尚科学、积极创新的良好科学文化氛围的条件，发挥公民科学素质发展的区域示范引领作用。济南、合肥、厦门、青岛、成都、福州等城市的公民科学素质水平超过10%，进入创新型城市行列，成为我国未来公民科学素质发展的中坚力量。全国有122个地市级单位的公民科学素质水平超过10%，有332个地市级单位的公民科学素质水平超过5%，仍有9个地市级单位的公民科学素质水平低于5%。此外，在4个直辖市所辖的86个区县中，北京海淀区科学素质水平达30.98%，是全国唯一超过30%的地市级单位。北京、上海、天津共有13个区科学素质水平超过25%，其中上海7个、北京4个、天津2个。

与各省会城市的首位度进行对比发现，城市首位度（关键经济指标占全省的比重）越高，区域内城市之间的公民科学素质梯度越大，各省均呈现由省会城市和计划单列市形成的公民科学素质增长极，引领本省公民科学素质发展的结构特征，各地区公民科学素质与经济社会发展存在明显的对应关系。表明区域公民科学素质发展应进一步发挥中心城市和城市群带动作用，通过现代化都市圈建设，实现区域内公民科学素质的总体提升。

总体来看，我国各城市公民科学素质水平分布在5%~24%，呈现明显的梯度差异，不同城市间科学素质水平与其经济社会发展状况高度对应，我们将各城市科学素质水平与其经济水平、科技创新能力、治理能力、数字经济、可持续发展、宜居水平等体现城市发展状况的各类主要指标进行量化分析，采用"科学素质—科技人才—创新成果"和"科学素质—公共参与—社会治理"两大路径，引入经济学中经典的门槛（门限）回归分析（threshold regression），以科学素质为核心自变量，以上述相关领域指标为因变量，构建门限回归模型组，探讨不同城市的发展阶段特征。按照科学素质内生的S形增长趋势，当科学素质达到某些拐点时，将引起经济社会其他主要因变量出现阶段转向，以此分析科学素质与经济社会发展的阶段对应关系，进而确立科学素质的阶段发展拐点。

按照对一个国家或地区发展水平的通行评价标准以及世界银行对于国家发展程度从经济发展水平、科技水平、工业水平和生活水平四个主要方面的界定，我们从经济发展、科技创新、产业发展和社会治理四个主要领域开展科学素质与其相关指标的门槛回归分析，采用最近年份的统计年鉴以及智库相关研究报告的数据，形成省级和城市两个层面2020年截面指标库和数据库。在具体来源上，主要从《中国城市统计年鉴》《中国城市竞争力报告》《中国数字经济发展白皮书》《中国数字政府发展指数报告》《中国经济绿色发展报告》等统计年鉴和报告中选取代表性统计指标和相应指数，详见表1-1。

表 1-1　科学素质与相关社会发展指标的门槛回归分析结果

单位：%

指标	类型	因变量	科学素质第一门槛值	P值	科学素质第二门槛值	P值	数据来源
经济发展水平	城市、直辖市辖区	人均国内生产总值	9.2	0.0000	18.1	0.0000	中国城市统计年鉴2020
	城市	经济竞争力	11.8	0.0000		0.0000	中国城市竞争力二级指标
	省级	新经济	11.5	0.0360			财新智库和BBD
	城市	可持续竞争力	10.6	0.0000			中国城市竞争力二级指标
科技创新能力	城市	R&D经费投入规模	13.8	0.0000			中国城市统计年鉴2020
	主要城市	R&D经费投入规模	14.6	0.0003			中国城市统计年鉴2020
	城市、直辖市重点区	人均发明授权数	12.7	0.0000	27.4	0.0000	中国城市统计年鉴2020
	城市	科技创新力	10.2	0.0000			中国城市竞争力二级指标
产业发展状况	城市	规模以上企业数量(log)	5.2	0.0220	12.8	0.0000	中国城市统计年鉴2020
	城市	规模以上企业利润(log)	10.4	0.0000	15.8	0.0000	中国城市统计年鉴2020
	省级	数字经济	10.8	0.0133	12.8	0.0000	中国数字经济发展白皮书
社会治理状况	省级	数字治理	10.8	0.0583			2020中国数字政府发展指数报告
	省级	治理能力	10.8	0.0853			2020中国数字政府发展指数报告
	省级	绿色发展	11.5	0.0000			2020中国经济绿色发展报告
	城市	宜居城市	10.6	0.0000	13.6	0.0020	中国城市竞争力二级指标
	城市	营商城市	9.8	0.0000	13.8	0.0290	中国城市竞争力二级指标

从表 1-1 中所列各项主要指标的回归结果可以看出，科学素质对于经济发展、科技创新、产业发展和社会治理四个主要领域的各项指标均存在至少一个门槛值，对于上述四个领域的部分指标存在第二个门槛值，意味着科学素质对上述四个领域的影响能够划分出两个或三个阶段，从表征经济社会发展水平的四个指标来看，无论是以省级还是城市为分析对象，科学素质影响经济发展水平主要指标的第一门槛值均出现在 10% 左右，其中衡量收入水平的人均国内生产总值的门槛较低，说明科学素质对于人均收入的影响作用介入较早，即当一个城市或地区公民科学素质水平达到 9.2% 时，科学素质对于人均国内生产总值的促进作用更加明显；而经济竞争力、新经济和可持续竞争力等指标，即当公民科学素质水平超过 10% 之后会产生更加明显的促进作用，科学素质促进经济发展水平进入一个新的阶段。当科学素质水平达到 18.1% 时，科学素质对人均国内生产总值的影响到达第二门槛，科学素质对人均国内生产总值的促进作用再次加强，进入新的阶段。

科学素质对于科技创新能力主要指标的影响存在至少一个门槛，除了科技创新力指标外，公民科学素质与主要城市的 R&D 经费投入规模、人均发明授权数的第一门槛分别达到 14.6% 和 12.7%，表明科学素质需达到更高水平才能加强对上述指标的影响作用，而科学素质对于人均发明授权数存在第二门槛，并且该门槛值达到 27.4%。进一步表明只有当一个城市或地区公民科学素质达到很高水平时，才能对以人均发明授权数为代表的科技创新能力产生更加显著的贡献。

科学素质对于产业发展状况主要指标的影响存在两个门槛，但两个门槛值的差距较小，其中科学素质与各城市规模以上企业数量的第一门槛值较低，当科学素质水平达到 5.2% 即进入新的发展阶段，在一般情况下规模以上企业可作为一个城市或地区工业化的标志，这也间接说明公民科学素质达到 5.2% 是我国城市进入工业化阶段的一个标志。当公民科学素质水平达到 12.8% 时，进入规模以上企业发展的新阶段，科学素质对于规模以上企业的发展和繁荣产生更大的促进作用。科学素质对于规模以上企业利润也存在两个门槛，且这两个门槛值均高于规模以上企业数量的门槛值，此结果与现实情况非常吻合，科学素质对于规模以上企业利润的促进作用：当科学素质水平达到10.4%时，进入新的阶段；当科学素质水平达到15.8%时，科学素质对于规模以上企业利润的影响作用再次加强，进入另一个新的阶段。科学素质与数字经济之间存在相隔很近的两个门槛，当科学素质水平达到10.8%时，科学素质对于数字经济的影响作用加强，当科学素质水平达到12.8%时，科学素质对数字经济的促进作用再次提升。在某种程度上，我们认为科学素质与数字经济之间只存在一个大的门槛，即一个城市公民科学素质水平超过10%时，该城市具备发展数字经济的科学素质基础。

科学素质对于社会治理状况主要指标的影响至少存在一个门槛，科学素质对于数字治理、治理能力、绿色发展、宜居城市和营商城市等指标的第一门槛值均在10%左右，表明当一个城市或地区的公民科学素质水平达到10%时，公民科学素质对于该城市社会治理状况的促进作用明显提升。科学素质对于宜居城市和营商城市的影响存在第二个门槛，当一个城市或地区的公民科学素质水平达到13.6%和13.8%时，科学素质对于该城市宜居程度和营商环境的促进作用再次加强，城市治理进入新的阶段。

总体而言，科学素质与经济发展水平、科技创新能力、产业发展状况和社会治理状况均存在明显的门槛效应，表明科学素质与经济社会发展各主要领域存在较强的阶段对应关系，并且随着经济社会的发展，科学素质体现出更加重要的促进作用。

从本研究列出的四个主要领域来看，科学素质与各领域绝大多数指标均存在第一门槛，而且该门槛值大多集中在10%左右，意味着当公民科学素质水平超过10%时，经济社会发展将进入新的阶段，科学素质对经济社会发展将产生更加重要的促进作用。2020年我国公民具备科学素质的比例达到10.56%，该结果与我国从高速发展转向高质量发展阶段、进入创新型国家行列的阶段发展特征对应。

针对产生第二门槛的部分指标，我们发现不同社会发展领域指标的门槛值相差较大，其中科学素质对于规模以上企业数量、数字经济、宜居城市和营商城市的第二门槛值均在15%以下，科学素质对于规模以上企业利润、人均国内生产总值的第二门槛值为15.8%和18.1%，而科学素质对于人均发明授权数的第二门槛值达到了27.4%（见图1-3）。以上结果表明，科学素质对于不同社会领域的第二门槛存在差异，对于社会治理状况和产业发展状况而言，科学素质的第二门槛值相对较低，科学素质水平达到13%~16%将对上述领域产生更加明显的作用；对于经济发展水平而言，科学素质水平达到18%以上将产生更加明显的作用；对于科技创新能力而言，科学素质水平达到27%以上将产生更加明显的作用。从经济社会发展规律来看，不同领域发展存在一定的先后顺序和难易程度，科学素质影响社会治理和产业发展进入新阶段的拐点最快；对于以规模以上企业利润和人均国内生产总值为代表、体现经济发展状况的指标，触发科学素质第二门槛的拐点水平要高于社会治理状况和产业发展状况，科学素质影响科技创新能力的拐点需要达到较高水平。上述结果表明，经济社会发展进入更高阶段，通常遵循一条从产业变革、提高收入，最后到科技创新的路径，针对实现我国在2035年达到中等发达国家收入水平，进入创新型国家前列的发展目标，对应的科学素质水平达到20%以上才能更好地符合上述领域的门槛，从而更好地发挥科学素质促进经济社会进入新发展阶段的作用。

由于目前仅有2020年中国公民科学素质调查发布省级和城市公民科学素质截面数据，依据现有数据进行的门槛回归分析缺少对时间变量的控制，部分指标的门槛值尚不稳定。此外，经济社会发展的动态性，以及数字社会和技术变革等给公民科学素质发展带来新的影响，也会让现有门槛值产生一定范围的变化。尽管如此，当前研究也已充分表明科学素质与经济社会发展存在明显的三个阶段对应关系，综合当前分析结果，科学素质第二个大门槛值定为20%左右较为合适，因此将科学素质与经济社会发展的阶段节点划分为10%和20%，以此提出公民科学素质与经济社会发展的三个主要阶段。

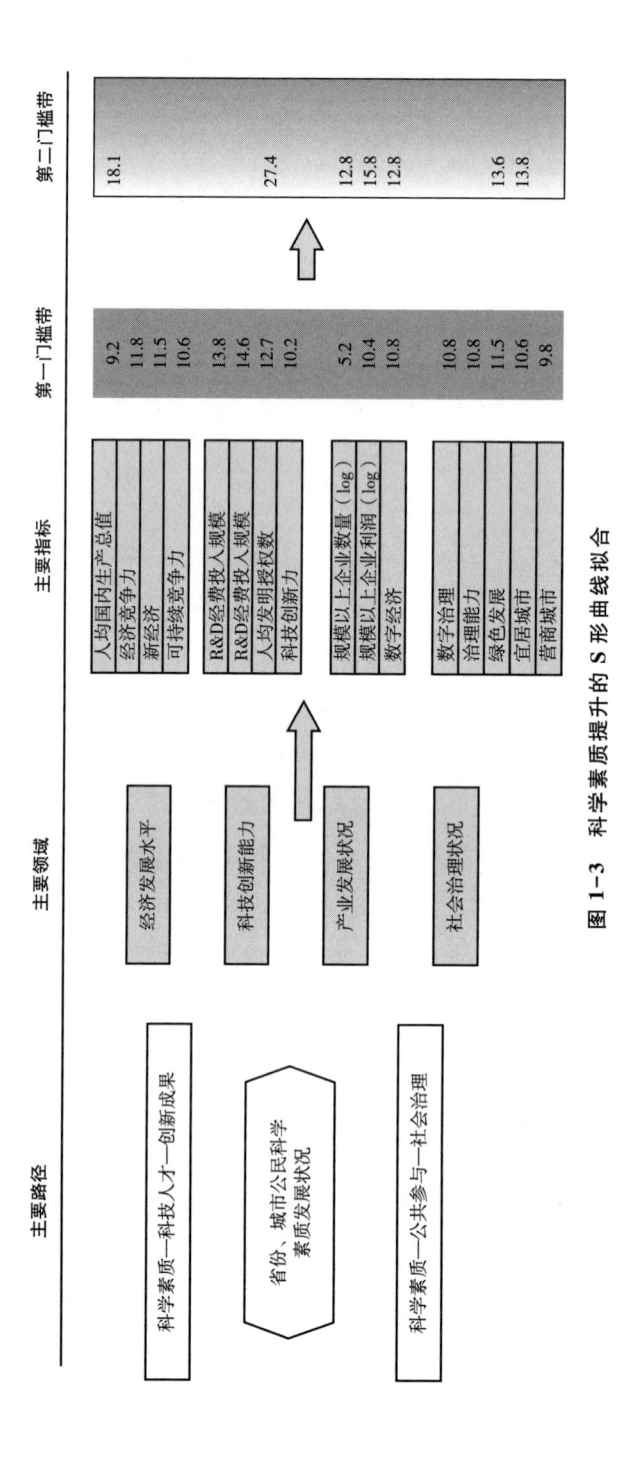

主要路径	主要领域	主要指标	第一门槛带	第二门槛带
科学素质—科技人才—创新成果	经济发展水平	人均国内生产总值 经济竞争力 可持续竞争力	9.2 11.8 11.5 10.6	18.1
省份、城市公民科学素质发展状况	科技创新能力	R&D经费投入规模 R&D经费投入强度 人均发明授权数 科技创新力	13.8 14.6 12.7 10.2	27.4
	产业发展状况	规模以上企业数量（log） 规模以上企业利润（log） 数字经济	5.2 10.4 10.8	12.8 15.8 12.8
科学素质—公共参与—社会治理	社会治理状况	数字治理 治理能力 绿色发展 宜居城市 营商城市	10.8 10.8 11.5 10.6 9.8	13.6 13.8

图 1-3 科学素质提升的 S 形曲线拟合

三 科学素质发展的三个主要阶段

科学素质在经济社会四个主要领域都表现出较强的阶段性特征，通过对各省科学素质和区域发展指标的分析发现，科学素质水平是社会经济发展到不同阶段的结果。具体而言，可归纳为科学素质与经济社会发展三个不同阶段的对应关系：高速增长阶段、转型升级阶段和以科技创新为主的高质量发展阶段（见表1-2）。

表1-2 公民科学素质与社会发展阶段的对应关系

科学素质	发展阶段	城市类型	产业结构	社会治理	科普模式
20%以上	高质量可持续发展阶段	全球城市、总部经济中心、区域科技创新中心	经济发达，创新驱动能力强，以知识经济为主，以生产性服务业为主导	政府信息化治理、数据政府达到相对较高程度；法治化、市场化指数高；公民意识和参与意愿双高	以科学能力培养和科学精神弘扬为主，走向参与式科普
10%~20%	工业转型升级阶段	区域中心城市、产业科技创新高地、制造业基地	集群效应较为明显，工业化水平较高，处在技术密集型产业发展阶段	政府信息化治理、数据政府起步与发展阶段；法治化、市场化处于中等水平；公众参与度得到一定程度提升	逐步走向科学能力的培养和科学精神的弘扬
10%以下	工业化阶段	大部分的一般城市	第二产业生产总值占比最大，第一、第三产业容纳就业人数最多，仍处于工业化进程中	政府信息化治理、数据政府待起步；法治化、市场化处于一般水平	以普及科学知识和技能为主

当公民科学素质水平低于10%时，处于经济社会快速发展阶段。此阶段主要表现为，经济社会处于工业化进程，经济发展速度较快，发展模式多元，提升科学素质主要促进第二产业的发展。在文化、社会治理等方面仍处

于基础阶段，尚未形成明显的科学文化氛围；政府信息化治理、数据政府建设仍未起步，法治化、市场化处于一般水平。公众参与度低，科普模式以知识普及为主，科普效能有待加强。从调查结果和实际情况来看，我国大部分一般城市处于此阶段。

当公民科学素质水平达到10%~20%时，意味着经济社会进入转型升级阶段。此时，工业化水平较高，出现明显的集群效应，部分城市在数字经济方面取得一定突破，科学素质提升主要促进技术密集型产业的发展，推动社会向高质量、可持续发展转型。在文化和社会治理方面，形成了一定的科学文化氛围。法治化、市场化进入中等水平，政府信息化治理、数据政府已经起步并不断发展。此时，公众参与水平得到一定程度提升。科普模式以公众理解科学和对话模式为主要特征，科普工作重点从以往的知识普及，逐步转向培养科学能力和弘扬科学精神。这一阶段典型城市如杭州、天津、广州、南京、苏州、武汉、成都、合肥等绝大多数省会和副省级城市、区域发达城市。

当公民科学素质水平超过20%时，经济社会进入以科技创新为主的高质量发展阶段。这个阶段呈现经济发达，创新驱动能力强，处于后工业化时期，以高技术服务业为主，第三产业发展水平高，产业发展重点从资本密集型转向技术密集型，以知识经济为核心的主要特征。在文化和社会治理方面，形成了良好的科学文化氛围和价值体系；政府信息化治理、数据政府达到相对较高程度，治理体系和治理能力基本实现现代化；法治化、市场化指数高。公众参与程度较高，志愿服务、环保服务等公民意识与行动意愿较强。科普模式侧重于能力培养和精神弘扬，以参与式科普模式为主。代表性城市如北京、上海、深圳等。

四 提升公民科学素质，助力经济社会高质量发展

回顾本世纪以来我国公民科学素质的快速发展，在我国从中低收入国家进入中高收入国家行列，经济社会从快速增长迈向高质量发展的时代背景下，通过量化分析方式明确科学素质与经济社会发展的阶段对应关系，科学

素质在不同领域均存在阶段跃升的拐点。作为经济社会发展的主要成果之一，公民科学素质在一定程度上可作为经济发展、科技创新、产业升级、社会治理等领域的表征指标，反映其发展进程。在理论上明确科学素质与经济社会发展的阶段对应关系，有助于我们进一步认识科学素质发展规律，深入把握科学素质进入新发展阶段的时代特征，构建科普新发展格局，以公民科学素质的持续快速提升助力经济社会的高质量发展。

按照前述科学素质三个发展阶段的划分，2020年中国公民科学素质调查结果显示，上海、北京、深圳具备科学素质的公民比例超过20%，进入高质量可持续发展阶段；全国16个省级单位、122个城市具备科学素质的公民比例超过10%，意味着有半数省份以及约1/3的城市进入工业转型升级阶段；其余省份和城市则立足现有基础，推动符合本地情况的发展。根据2020年各地公民科学素质发展情况，结合科学素质S形增长趋势，我们能够预见越来越多的省份和城市将逐步进入高质量发展阶段。因此，应进一步探讨科学素质在高质量发展中的作用和价值，从要素层面梳理科学素质助力高质量发展的具体路径和作用机制，本书随后章节将逐步展开论述和分析。

对于数据的来源和使用，本书主要分为两个部分。第一部分由第一、二章组成，侧重于分析科学素质与经济社会发展的关系，数据来源为历次中国公民科学素质调查数据，《中国统计年鉴》《中国城市统计年鉴》《中国高技术产业统计年鉴》《中国城市竞争力报告》《中国数字经济发展白皮书》《中国数字政府发展指数报告》《中国经济绿色发展报告》《中国人力资本报告》《中国大数据发展报告》等，以及CGSS追踪调查等社会调查中的相关数据。第二部分由第三、四、五章组成，侧重于构建和分析科学素质高质量发展指数，数据来源为历次中国公民科学素质调查数据，《中国统计年鉴》《中国城市统计年鉴》《中国高技术产业统计年鉴》《中国人力资本报告》，各省级行政区专利申请授权数来自国家知识产权局历年统计年报，地区数字生态指数来源于北京大学大数据分析与应用技术国家工程实验室发布的《数字生态指数》。

第二章

科学素质与经济社会发展的主要路径关系

《科学素质纲要》明确指出，"科技与经济、政治、文化、社会、生态文明深入协同，科技创新正在释放巨大能量，深刻改变生产生活方式乃至思维模式"。人才是第一资源、创新是第一动力的重要作用日益凸显，国民素质全面提升已经成为经济社会发展的先决条件。科学素质建设站在了新的历史起点，我国开启了跻身创新型国家前列的新征程。为探索科学素质在社会发展进程中起到的作用，本章开展如下分析。

第一，深入探寻科学素质影响经济社会发展的理论机制，研究科学素质与经济增长、居民生活、社会治理、环境保护等经济社会发展各维度之间的具体联系。为此，深入考察科学素质与经济社会各要素协同、可持续发展的规律极为必要。

第二，对科学素质促进经济社会发展的不同模式进行类型分析，考察不同发展类型的阶段特征。《科学素质纲要》指出，我国科学素质发展呈现区域不平衡特点，这与本研究进一步考察不同类型发展模式间差异的目标一致。

第三，在《科学素质纲要》的总要求和科学素质高质量发展指标体系的理论框架基础上，进一步细化探讨科学素质与经济社会发展的关联。《科学素质纲要》提出构建省域统筹政策和机制、市域建设资源集散中心、县域组织落实，以新时代文明实践中心（所、站）、党群服务中心、社区服中心（站）等为阵地，以志愿服务为重要手段的基层科普服务体系。表明科学素质与经济社会发展的关联进入更加微观的维度，相应的经济社会发展研究也应进入更为具体的市级层面；在理论框架层面，有必要基于经济增长和创新驱动理论，构建经济社会发展的二级指标，聚焦科学素质高质量发展指标体系的不同维度和科学素质对诸维度各要素的推动，并对这种推动提出更具体的假设和实证检验。

尽管各级政府、社会各界对公民科学素质发展的意义和价值形成了广泛共识，学界对该领域的研究（如科学素质的内涵解析、影响因素分析、提升途径等）也日益增多，但这些研究主要思路是将公民科学素质作为因变量加以分析，如地方经济发展水平、文化教育等对公民科学素质水平的影响，对公民科学素质之于地区发展的作用条件和影响机制的关注相对较少，分析维度也多集中在宏观层面，较少深入分析科学素质在不同情境、不同层面对经济社会诸要素产生影响的具体机制。

因此，进一步开展公民科学素质与区域发展的作用机制研究，有助于了解公民科学素质现状和地区发展要求之间的差距，提供针对性的政策支持，助推国家发展战略；有助于促进领导干部素质和能力提升，增强政府治理能力；有助于促进人才的区域流动，带动区域人才进一步提质增量；有助于挖掘区域发展潜力，改善地区的创新生态，提升经济和社会效益。

一 科学素质与经济社会发展的路径关系

为厘清科学素质与区域发展的关系，本章对科学素质与国家发展战略的关联性等展开分析。紧扣当前党和国家的一系列重大战略（创新驱动战略、区域协同发展战略、推进国家治理体系和治理能力现代化战略等），依据经济社会发展相关理论，探寻科学素质与区域经济社会发展之间的关系。具体而言，沿着"科学素质—科技人才—创新成果"和"科学素质—公共参与—社会治理"的两大路径，首先，探究与科学素质水平紧密相关的科学发展环境与科技创新效能之间的关系。这一分析囊括了科学素质对宏观

（如科学发展所依托的经济环境、公共治理模式）和微观（如公众个人参与）层面因素的影响，继而总结提出科学素质与经济社会相关联的理论机制。其次，探究科学素质与提升政府治理科技化、法治化水平，提升公众科学意识和公民参与水平的关系，从而反哺科技创新发展所依赖的科学文化环境。具体理论假设如下。

依据经济学家约瑟夫·熊彼特（Joseph Schumpeter）的创新理论，技术创新对于经济增长有着无可替代的驱动作用，实现经济的突破性增长需要将已有的生产要素与条件进行重新组合配置，并引入生产体系中。一个地区的整体科学素质水平，将直接影响该地区生产要素与条件的组合配置状况，从而决定该地区是否能够实现技术变革，带来经济的突破性增长。因此，要探寻科学素质与经济发展间的具体关系，就要从技术创新及其背后的生产要素和条件入手。本研究依据以上理论，选取了经济增长、区域人才队伍建设水平、公民经济能力、产业结构等指标衡量经济发展的生产要素与生产条件情况，以区域创新能力指标衡量地区的技术创新驱动力，并假设科学素质对于以上指标有着直接或间接的影响。建立研究假设：公民科学素质的提升，对提升公民经济能力、促进产业结构优化升级、完善区域人才队伍建设和提高数字化水平、提升创新能力有正向作用，有效促进了产业结构转型升级和科技创新能力提升、地区经济增长。为进一步探讨因果机制，解决内生性问题，本研究使用了扩展回归和地级市层面的数据，使分析结果更稳健。这部分研究的逻辑链条见图2-1。

社会治理与科学文化的相关理论表明，公民科学素质水平的提高与社会整体的科学文化环境密切相关。科学发展环境既包括显性的、与科学发展相关的经济背景和制度规范，也包括科学发展所依赖的社会、文化环境。因此，本研究选取了与科学发展环境相关的政府治理水平指标（包括政府治理的科技化和法治化水平）和公民参与指标（公民关注科学的意识以及公众参与公共治理的意识）。在政府治理领域，本研究依据治理理论，选取了政府治理科技化和法治化水平等来衡量政府治理水平。研究显示，随着公民科学素质的提升，政府部门运用科技开展政务服务和社会治理的

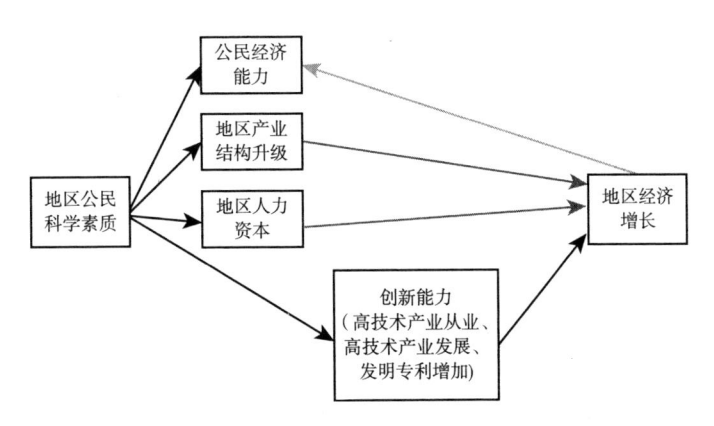

图 2-1　科学素质、创新能力与经济增长之间的路径关系

意愿和能力也不断提高，其促进了政府的信息化和法治化建设，优化了科学文化环境。

在公众参与领域，课题组选取了公众对科技类话题信息的关注度、公共事务参与等维度，衡量公民参与程度。提出研究假设：公民科学素质的提升，有助于促进公众关注科技领域的新话题，增强其参与科技类公共活动的意愿。此外，科学素质的提升有助于公民参与公共事务（如志愿服务、环保等）意愿的提高，进而从公民意识的角度验证了科学素质对于科学文化整体氛围的促进作用。课题组使用线性回归、多水平模型等对科学素质和上述指标的关系进行了实证检验。这部分假设的逻辑链条见图 2-2。

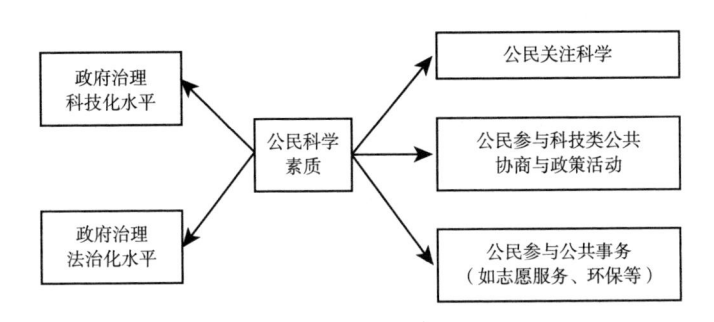

图 2-2　科学素质与政府治理、公众参与的路径关系

在上述两条主要研究路径的基础上，采用中国科普研究所科学素质抽样调查结果与我国经济发展统计资料，对近年来各地科学素质发展对区域经济和社会发展的贡献进行假设验证（见图2-3）。结合文献梳理、统计分析、案例研究等多种研究方法，进一步将研究扩展到市级层面，并重点突出了科学素质与若干发展要素之间的阶段对应关系。下文将对研究目的、研究思路、研究方法和研究结论等进行汇总和提炼。

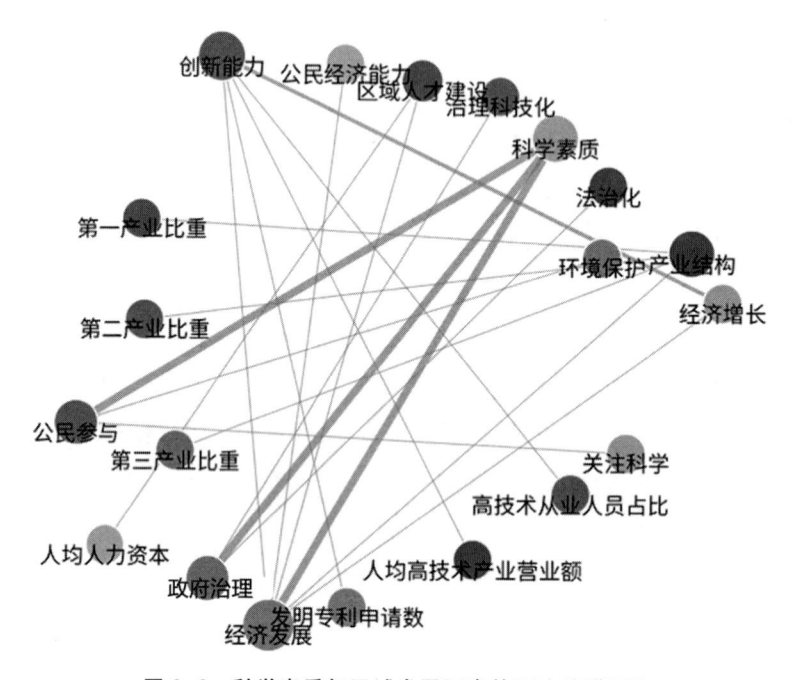

图2-3 科学素质与区域发展要素的理论关联网络

二 科学素质与经济社会发展的路径分析

（一）科学素质与产业结构及区域综合发展

在前述理论框架基础上，结合中国公民科学素质抽样调查结果与经济发展统计资料，研究近年来各地科学素质发展对区域经济发展的贡献。本研究以 2015 年、2018 年、2020 年中国省级面板数据为样本，选取除港澳台以外的 31 个省级行政区划单位作为研究对象。分析中使用的科学素质水平数据来自 2015 年、2018 年、2020 年三次中国公民科学素质调查结果，历年地区人均生产总值、人均可支配收入、第三产业比重、受教育情况等地区经济相关数据主要来自国家统计局历年发布的《中国统计年鉴》和《中国城市统计年鉴》。各省级行政区专利申请授权数来自国家知识产权局历年统计年报。中国高新技术产业营业额、从业人员等数据来自《中国高技术产业统计年鉴 2021》，地区数字生态指数来源于北京大学大数据分析与应用技术国家工程实验室发布的《数字生态指数》。人力资本数据来自中央财经大学中国人力资本与劳动经济研究中心李海铮教授及其课题组编写的《中国人力资本报告 2021》。

分析结果显示，近年来公民科学素质提升对我国经济发展与产业结构优化产生显著影响，不同地区经济发展水平与公民科学素质水平息息相关。总体而言，地区科学素质对于产业结构升级和区域经济增长起到正反馈作用，各地高新技术产业集聚程度与生产经营状况在很大程度上受当地公民科学素质水平的影响。

1. 科学素质推动产业结构优化升级

据世界普遍经验，大多数国家经济发展遵循以农业为主转向以工业为主的发展模式。然而，以廉价劳动力为优势的产业发展经过一段时间高速增长后，会因为劳动力价格逐渐攀升、环境污染、市场饱和等客观因素陷入发展瓶颈，难以持续拉动整体经济增长。一个国家想要长期保持经济增长动能，需要向高质量发展转型，产业结构由低端向中高端升级，劳动密集型产业重要性下降，知识和技术密集型产业占比不断提升。这一过程中，劳动力科学素质对产业结构转型起到了至关重要的作用，大量具备科学素质的劳动力聚集，为高新技术产业发展和壮大提供充沛的科技人力资源。

当前，我国经济正处于转变发展方式、转向高质量发展的过程中，对各省科学素质与产业结构之间关系的分析发现，在公民科学素质较高的地区，产业结构较合理，经济增长逐渐转向创新驱动；而在公民科学素质较低的地区，经济结构仍以第一、第二产业为主，劳动力素质成为产业结构优化升级的一大制约因素。

（1）区域科学素质与农业

对我国各省科学素质与第一产业（农业）增加值占地区生产总值比重之间关系的分析显示，2020年各省科学素质水平与第一产业占比之间存在线性关系。对二者间关系的回归分析结果如图2-4所示，在基于稳健标准误的一般线性回归模型中，2020年地区公民科学素质每提升一个百分点，第一产业占比平均下降0.861个百分点（$p<0.01$）。

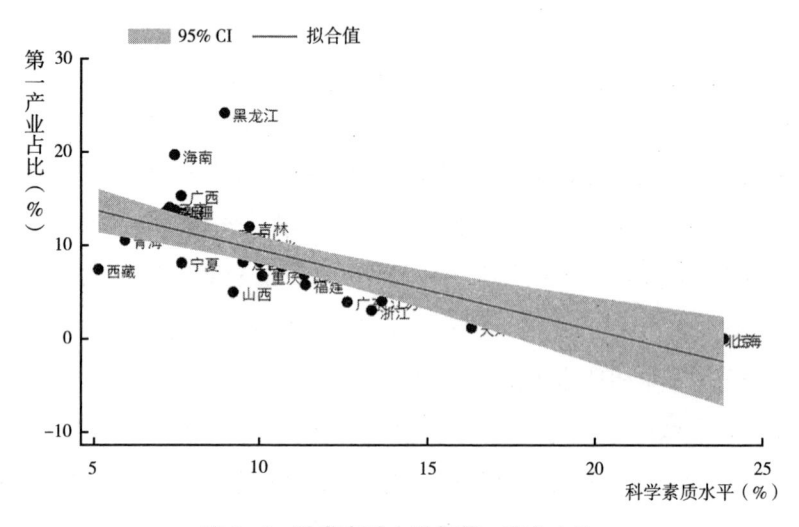

图2-4 科学素质水平与第一产业占比

为进一步验证，本研究分析扩展到地级市，对296个地级市第一产业（农业）增加值占地区生产总值比重与科学素质之间的关系进行回归分析。分析结果显示，在地级市层面的统计结果仍然显著。随着科学素质水平的提升，各地级市第一产业占比呈现下降的趋势。结论在图2-5中得到直观呈现。

由于我国农业受自然环境影响较大、人均耕地面积不足且耕地地形不平坦等条件限制，农业机械化发展水平较低，生产利润较低。因此，经济较多依赖农业的地区往往难以维持较高的经济增长速度。我国农业占比最高的省

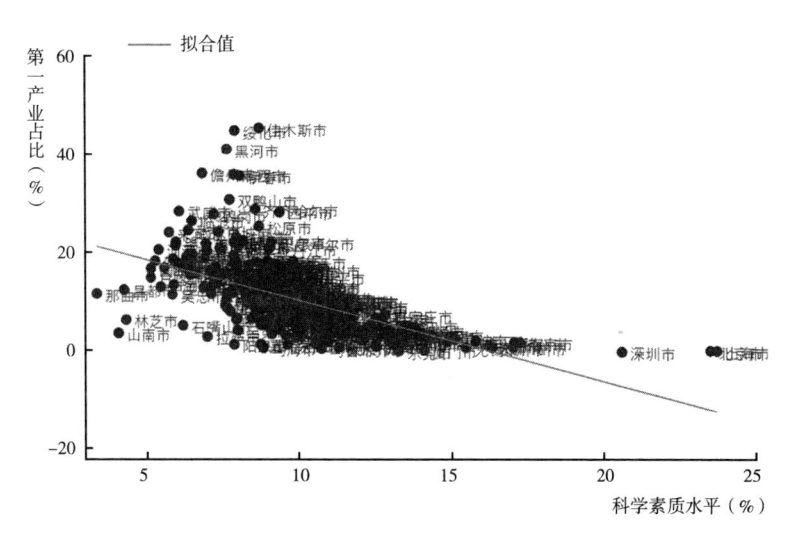

第二章 科学素质与经济社会发展的主要路径关系

图 2-5 科学素质水平与第一产业占比（地级市）

级行政单位为黑龙江、海南、广西、贵州、云南等，这些地区也是我国人均生产总值较低的省份。上述地区想要加快发展，亟须优化产业结构。然而，较低的公民科学素质水平往往会制约当地发展技术密集型产业以及需要一定技术水平与科学素质的制造业。欲切实推动相关省份提高生产力、吸引企业进驻落户，继而提升经济竞争力，需加强对当地民众的科学普及与教育工作，让当地人民融入现代化生产环节，让企业能够在当地找到具有一定科学技术知识和素养的合格劳动力人群。

（2）区域科学素质与劳动密集型产业

我国经济发展呈现明显的区域不平衡特征。部分发达省市已实现了产业转型升级，转变为以服务业和知识密集型产业为主的产业结构，而大多数省份仍处在工业化进程。虽然我国并无针对劳动密集型产业的全国性统计数据，而根据学术研究惯例，这一变量常由第二产业近似替代。在使用这一替代变量后，分别对各省和地级市 2020 年科学素质与劳动密集型产业之间的关系进行分析。

结果显示，各省科学素质水平对第二产业占比有显著影响，2020 年各省科学素质水平与该省第二产业占比之间的回归方程为 $Y = -0.135x^2 +$

3.439x+17.78（p<0.01，R^2=0.4011）。起初，随着科学素质提升，工业化水平提高；当科学素质水平提升到一定程度时，工业化水平下降，其拐点位于科学素质水平达到11.34%左右（见图2-6）。

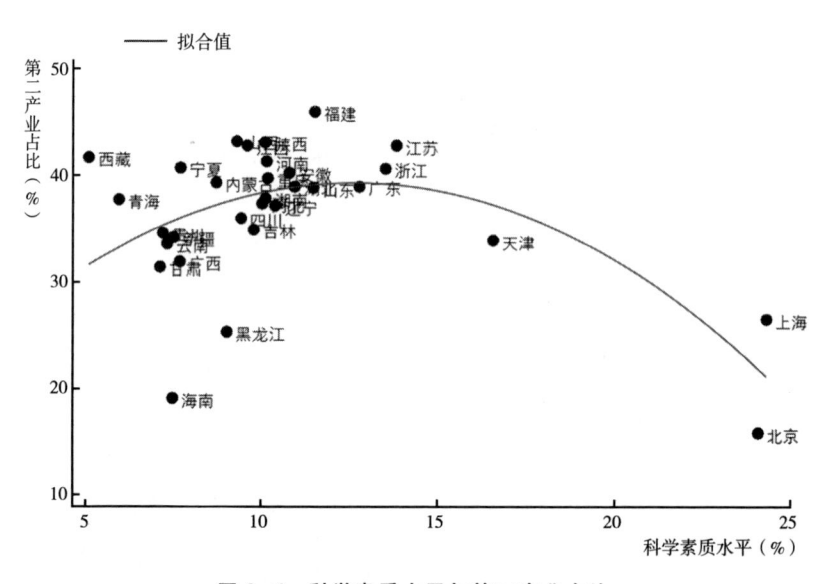

图2-6 科学素质水平与第二产业占比

图2-6呈现了科学素质与第二产业的关系，科学素质与第二产业间呈现倒U形关系，即随着公民科学素质提升，第二产业（劳动密集型产业）占比起初呈上升趋势，但在科学素质水平达到11%~11.5%的区间后，第二产业比重开始呈现下降趋势。在公民科学素质整体较高和较低的区域，劳动密集型产业占比相对较低；而在公民科学素质处在中等水平的区域，劳动密集型产业占比较高。

如图2-6所示，上海和北京具备科学素质的公民比例接近25%，已达到发达国家水平，两地第二产业比重较低，已基本完成了产业转型升级。然而，我国绝大多数省级行政单位仍处在倒U形的左段，尚未达到产业结构转型拐点。天津、江苏、浙江、广东四地科学素质水平已达12%及以上，刚过产业结构转型的拐点，处于第二梯队；但从科学素质水平来看，与上海和北京差距较大，产业结构中第二产业比重超过四成。除上述六省市以外，我国其他省级行政单位科学素质水平均低于12%，产业结构以劳动密集型产业为主，且与产业结构转型拐点尚有一段距离，未来相关制造业将继续成为大部分省级行政区拉动经济增长的最主要产业。在推动产业结构优化的过程中，劳动力科学素质的提升将成为重要的支撑要素。

为使结论更加稳健，本研究将数据分析扩展至地级市层面。分析结果如图2-7所示，验证了宏观省级层面的结论较稳定。以15%为界，绝大多数城市仍位于倒U形的左端，极少数发达城市已跨越产业结构转型拐点。2020年科学素质水平与第二产业比重的关系为：$Y = -0.19x^2 + 5.3584x + 7.31$（$R^2 = 0.13$，$p<0.001$）。此外，对产业发展的分析不能一味地将更高发展水平省份的发展路径当作欠发达地区发展的必经之路。分析结果也应避免落入"单一发展路径"陷阱，尽管就宏观概念化而言，经济发展的大体方向相似，但由于地理位置、人口、资源等种种差异，每个省份、每个城市在产业结构转型过程中的拐点不尽相同。

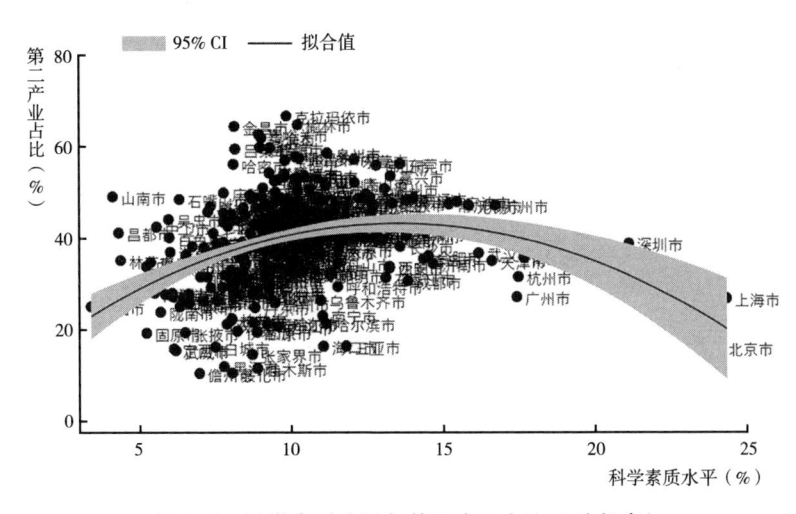

图2-7 科学素质水平与第二产业占比（地级市）

上述省级和地级市分析均表明：科学素质与第二产业的关系呈现明确的倒U形趋势。概括地说，由工业化到后工业化、由第二产业驱动经济发展到以知识经济为主是一个地区发展道路的普遍规律。而不同年份分析结果的差异表明，不同省份的工业发展潜力与产业结构转型所对应的科学素质拐点有所差异，不能一概而论。例如，即使可以预测浙江和江苏未来将会迎来第三产业的进一步发展，其第二产业份额相对下降，但这也并不意味着它们会在与北京、上海相同的科学素质发展阶段迎来服务业反超工业的情况。而离群点（如黑龙江、海南等）的差异则表明，不同地区存在不同发展条件与制约因素，在国家经济发展政策的总体导向下，应因地制宜，结合不同地区具体情况推动产业结构的分析与规划。

（3）区域科学素质与服务业

分析结果显示，科学素质水平对当地第三产业（服务业）比重起到显著正向作用，且在以科学素质为工具变量的分析中依旧显著（见图2-8）。就我国整体而言，科学素质越高的地区第三产业产值在当地生产总值中占比越高。在控制科学素质水平的条件下，科学素质水平每提升1个百分点，第三产业占比提高1.607个百分点（$p<0.001$，$R^2=0.6713$）。在拟合曲线两侧，存在距拟合线较远的个别省级行政单位，其中海南等公民科学素质较低的省份具有较高的第三产业占比，这主要是由于相应地区工业相对不发达，

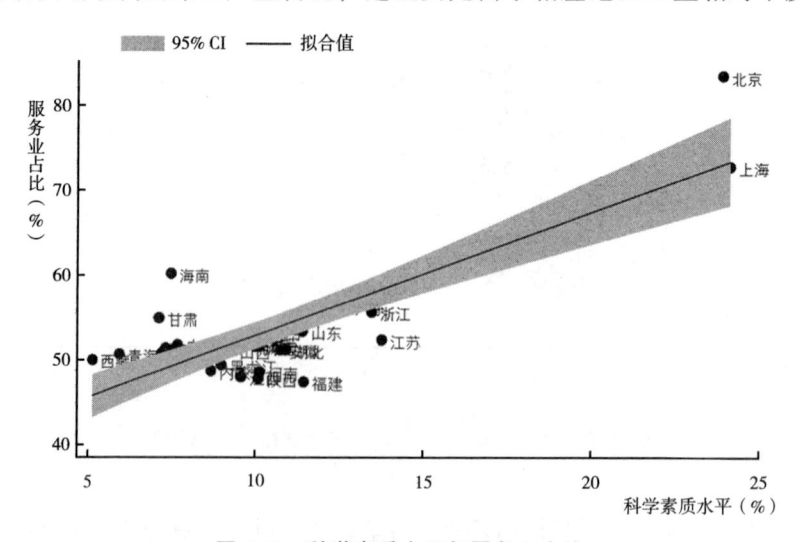

图2-8 科学素质水平与服务业占比

旅游业以及配套服务行业在其经济活动中占据重要地位。而陕西、安徽、河北等低于拟合值的地区均为我国重要的工业基地，矿产、机械、家电、化工、农产品加工等行业在全国占有重要位置，第二产业占比较高，从而使得第三产业占比相对较低。

2.科学素质提升公民经济能力

科学素质对产业结构调整有显著正向作用，能提升经济发展质量，促进形成经济可持续发展形态，而公民经济能力也是经济结构优化与经济发展在个体层面的重要特征。人均可支配收入是体现公民经济能力的有效指标，长期以来，各地公民科学素质的提升在宏观层面与整体经济水平的提升相对应，对经济可持续增长起到了明显的促进作用，人均可支配收入增加，公民生活水平得到大幅提升。

为明确区域科学素质与人均可支配收入之间的关系，同时为尽可能避免内生性问题，本研究同时使用一般线性回归模型（OLS）与扩展回归模型（ERM）进行分析与对比。扩展回归将2018年各省科学素质水平作为工具变量纳入模型，并使用工具变量法对作为工具变量的滞后科学素质进行了不可识别检验与弱工具变量检验。这一检验有助于厘清因果关系、明确自变量对因变量的推动作用。检验结果显示，使用工具变量求自变量可行（调整后R^2均大于0.1），因变量在自变量上回归方程的统计学意义显著。检验结果显示，科学素质越高的地区人均可支配收入越高。2020年科学素质水平每提升1个百分点，人均可支配收入增加2778元（$p<0.001$，$R^2=0.9043$）。在将2018年科学素质水平作为工具变量的扩展回归模型中，科学素质水平每提高1个百分点，人均可支配收入提升2802元。分析结果在图2-9中得到呈现。

各地公民所具备的科学素质与其收入水平和消费水平息息相关。具备科学素质的人群在就业市场上具有更高价值，这提高了他们的收入水平，增强了他们的经济实力并提升了经济自由程度。北京和上海两地在科学素质水平与人均可支配收入方面依旧遥遥领先，天津、浙江、江苏、广东等地居于第二梯队。我国东部和北部绝大多数省份的科学素质水平集中在10%~12%，

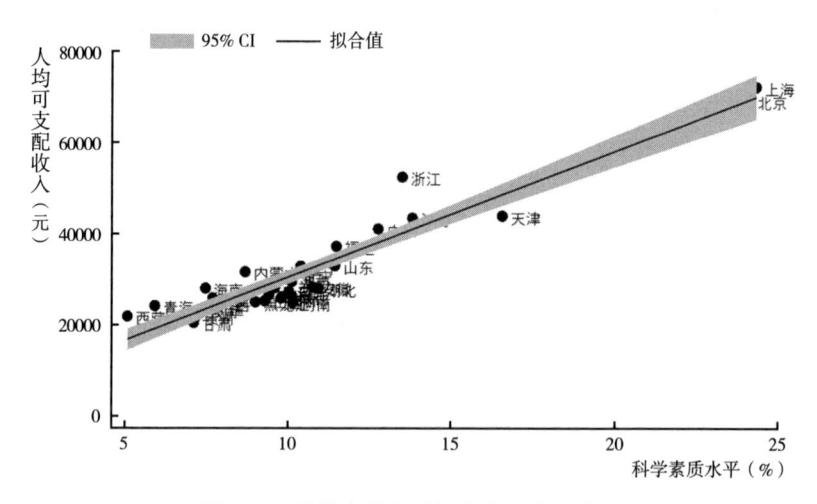

图 2-9　科学素质水平与人均可支配收入

2020年人均可支配收入在2.5万~3.5万元（2018年为2万~3万元）。新疆、云南、贵州、甘肃、海南、青海、西藏7个公民科学素质相对薄弱的省份，人均可支配收入相对较低。

3. 科学素质助推区域人才队伍建设

习近平总书记曾在中国科学院第十七次院士大会、中国工程院第十二次院士大会上发表讲话，指出"我们坚持创新驱动实质是人才驱动，强调人才是创新的第一资源，不断改善人才发展环境、激发人才创造活力"。培养人才需要相应土壤，根深才能叶茂，唯有形成尊重科学、崇尚科学的社会氛围，才能使蕴藏在亿万人民中间的创新智慧充分释放、创新源泉充分涌流，形成一支规模宏大、具备科学素质、适应当代中国经济发展的人才队伍。区域人才水平是衡量区域经济发展、和区域产业结构优化情况相联系的重要因素。

目前，人力资本是世界上最通用的、能够对人才能力与经济价值进行概念化衡量的指标之一。人力资本是一个概括性反映劳动力货币价值的概念，地区人均人力资本则提供了一个可供比较的人力发展水平指标。本部分研究使用中央财经大学中国人力资本与劳动经济研究中心《中国人力资本报告

2021》中严格计算得出的各省人均人力资本进行分析。该研究使用终生收入法衡量人力资本水平，计算个人预期生命期终生收入的现值（即假设某个体的人力资本可以像物质资本一样在市场上交易，那其价格就是该个体预期生命期内终生收入的现值）。

总体而言，2020年科学素质与人力资本之间存在显著正向关系，2020年各省科学素质水平每提升1个百分点，人均人力资本平均增加26.51万元（$p<0.001$，$R^2=0.8937$）。两者间关系在图2-10中得到较为直观的呈现。

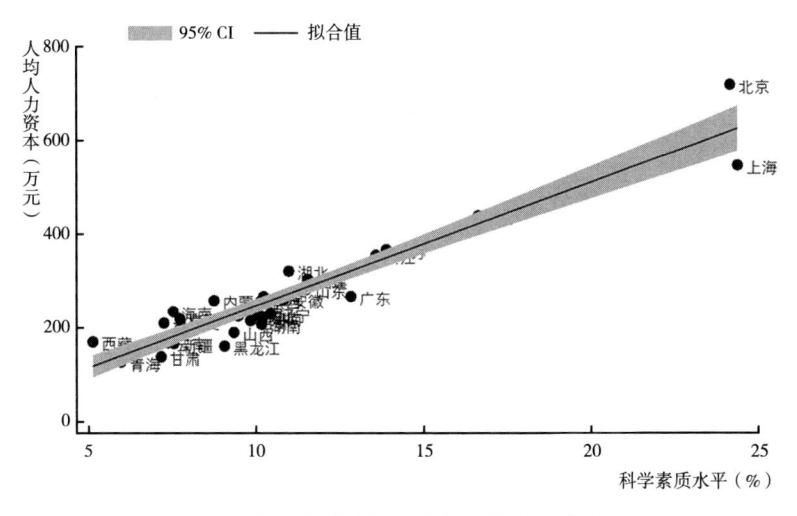

图2-10 科学素质水平与人均人力资本

北京、上海分别以680.9万元和531.7万元居全国省级行政单位的前两位，天津位居第三，人均人力资本为404.5万元，成为全国唯三人均人力资本超过400万元的省级行政单位。浙江和江苏依旧是非直辖市的省级行政单位中的"领头羊"，人均人力资本均超过300万元。其他各省在人均人力资本方面未呈现较大差距，这主要是由于我国非直辖市省级行政单位人口数量庞大，整体受教育水平较低。整体来看，东部地区好于中部和西部地区。

（二）科学素质影响创新能力与经济增长

根据创新增长理论，科学素质通过生产的各个环节提升创新能力，继而推动经济增长。本部分考察科学素质与代表科技创新效能各要素之间的关系，继而考察科学素质能否通过刺激创新，促进经济发展。

本部分采用与高新技术产业相关的从业人员、营业额与专利申请量等指标。高新技术产业属于知识密集型或技术密集型产业，根据《中国高技术产业统计年鉴》，其相关类别主要包括：医药制造业，航空、航天器及设备制造业，电子及通信设备制造业，计算机及办公设备制造业，医疗仪器设备及仪器仪表制造业和信息化学品制造业等。根据经济地理学理论，大都市的就业劳动力需要在分析、管理和人际沟通方面具备更多能力，而在小城镇中就业的劳动力需要更多具备体力和操作技能。这样，大都市就具有较高的人力资本特征值，而小城镇的人力资本特征值则较低。以知识密集型为主的高新技术产业需要具备科学素质、创新型思维和创造能力的员工，因此会向科学素质水平较高、人才丰富的地区聚集。这意味着高学历人口与高人力资本能够吸引高新技术企业，推动本地高新技术产业聚集，增加创新科技活动突破的可能性。也就是说，高科学素质为地区带来集群效应和相关高新技术产业链条的迅速发展，提供相关领域的大量岗位，这又进一步吸引具有科学素质的人才向该区域流动，形成高新技术产业与当地科学素质水平之间的良性循环。本部分就科学素质对高新技术产业的促进作用进行系统分析，采用的数据来自《中国高技术产业统计年鉴》和国家知识产权局统计公报。

1. 科学素质带动地区高新技术产业从业人员比重增加

对 2020 年各省科学素质水平与高新技术产业从业人员占全省人口比重的分析显示，总体而言，一个省级行政单位整体科学素质水平越高，就有越高比例的人口从事高新技术产业。采用曲线拟合的方式进行多次分析，相较于线性、二次、对数等，三次曲线能够更好地解释科学素质水平对当地高新技术产业从业人员比重的促进作用。对 2020 年各省科学素质水平和人均高新技术产业营业额对数的分析结果显示，$y = 0.0029x^3 - 0.1765x^2 + 3.27x - 8.127$。该模型 R^2 为 0.7875，意味着解释力明显高于线性模型，且在 95% 的水平上显著（$p<0.001$）。

第二章 科学素质与经济社会发展的主要路径关系

从图2-11来看,北京、上海两个科学素质水平最高的直辖市在高新技术产业从业人员比重上似乎并未如预期般具有突出优势。在科学素质水平低于12%的阶段,科学素质提升带动了当地高新技术产业从业人员的突出增加,但对于公民科学素质水平较高的广东、江苏、浙江、天津、北京、上海等地,其增长速度明显放缓,甚至不再是单调增加的关系。

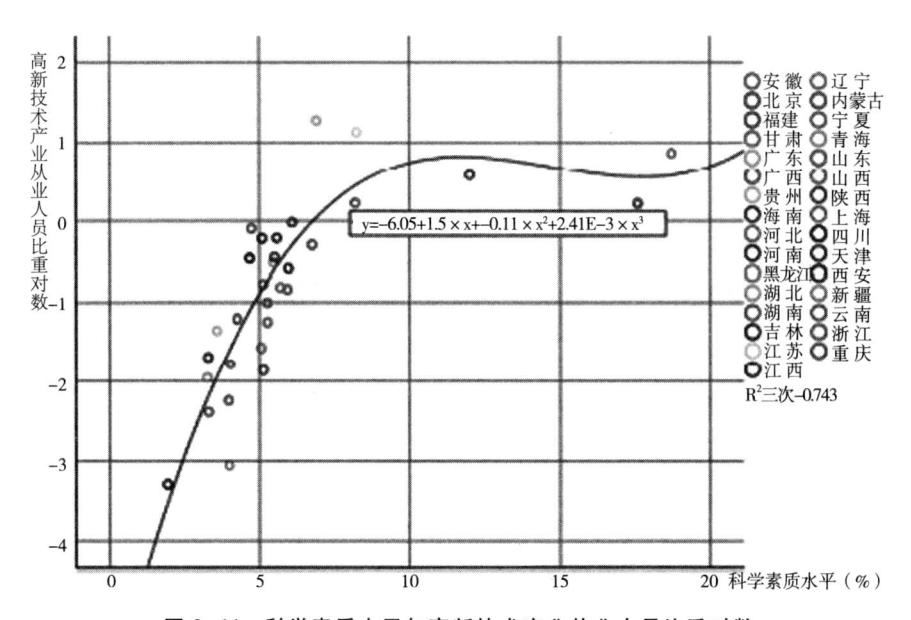

图2-11 科学素质水平与高新技术产业从业人员比重对数

这种关系背后的可能解释是:首先,高新技术产业中最能吸纳劳动力的行业为高新技术制造业,这需要占地面积较大的厂房、车间,而北京、上海地价昂贵,削弱了生产性高新技术产业落地的意愿。其次,尽管江苏、广东等地在整体公民科学素质水平上低于北京、上海、天津,但由于总人口数量更大,仍具有比直辖市更多的高素质人才储备。除此之外,江苏、浙江、广东等省份的政策支持也为高新技术产业发展带来了明显的推动效果。广东省深圳、广州等市乃是享誉全国甚至全世界的高新技术企业集中地;江苏省苏南地区在引进和培育高新技术企业方面大力投入,取得了令人瞩目的成绩。从全国来看,这些省份中部分地市充分利用当地人才资源和政策资源,大力发展高新技术产业,成为全国实现科技创新的"领头羊",形成品牌效应与规模效应,进一步吸纳更多相关行业人才聚集,形成高科学素质人才与企业创新互相推动的良性循环。

新疆、西藏等地则从反向体现了高新技术产业发展中的规模效应。当地区具备科学素质的公民比例较低时,即使有一定数量具有相应素质的人才,也不足以吸引高新技术产业进驻。这意味着落后地区在培养人才、提高公民科学素质初期难以收到即时回报,需要地方政府以更大的耐心与决心坚持科学素质建设工作,以期实现从量变到质变。

2.科学素质促进创新成果转化

高新技术产业发展的核心在于成果转化。要加快创新成果转化应用,让市场真正在创新资源配置中发挥决定性作用。高新技术产业营业额反映高新技术产业的盈利能力与销售状况,投射出行业的活力与吸引力,是衡量创新成果转化的标准。各省人均高新技术产业营业额则反映各省高新技术产业相对于当地人口规模的经营水平。

经过多次拟合,研究发现,相较于线性关系,人均高新技术产业营业额对数与科学素质水平之间的关联更可能呈现为非线性的关系。为此,本研究采取曲线估算的方式对科学素质水平与人均高新技术产业营业额对数之间的关系进行估计。曲线估算结果显示,二者间存在如下曲线关系 $y=0.7645x-0.0189x^2+2.8842$ ($p<0.001$,$R^2=0.7879$)(见图2-12)。

如上述两种模型所示的发展规律,与前文所述高新技术产业从业人员比重形式高度一致,都反映出高新技术产业与公民科学素质之间的复杂关系。高新技术产业依赖所在地潜在劳动力的科学素质,同时会受到人才规模、政策与地价等多重因素影响,因此二者之间的关系必须分阶段、结合地区实际情况考虑。但从宏观层面来看,具备科学素质的劳动力越多,高新技术企业可以使用的潜在人才就越多,其中能够发挥至关重要的创新作用甚至引领作用的高层次人才也就越多。汇聚人才之地也就可能推动创新成果转化,提升高新技术企业市场竞争力与营业额。

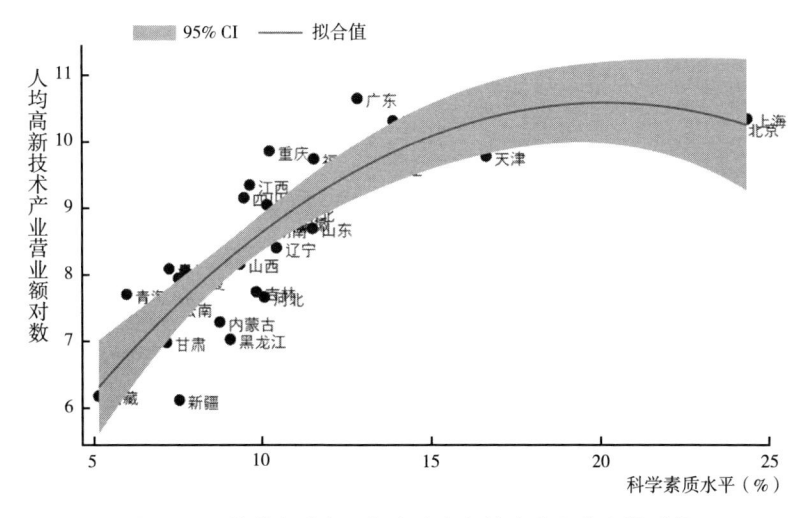

图 2-12　科学素质水平与人均高新技术产业营业额对数

3. 科学素质激发创新能力与研发能力

发明专利数量是衡量一个地区创新能力与研发能力的典型指标，可借此透视相应区域的经济活力与人才创新能力。对2020年各省科学素质水平和万人发明专利申请数的统计分析显示，科学素质水平每增加1个百分点，万人发明专利申请数增加0.12件（p<0.001，$R^2=0.6435$）（见图2-13）。

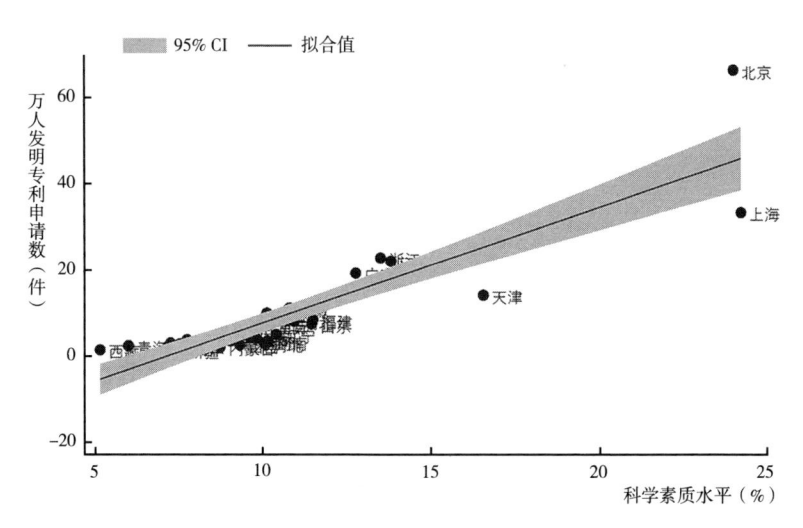

图 2-13　科学素质水平与万人发明专利申请数

为增加结论可靠性，扩展至地级市层面进行分析。结果显示，科学素质水平与万人发明专利申请数之间依旧呈现稳定的线性关系，说明宏观层面的结论具有可信解释力。结果在图 2-14 中得到直观呈现。

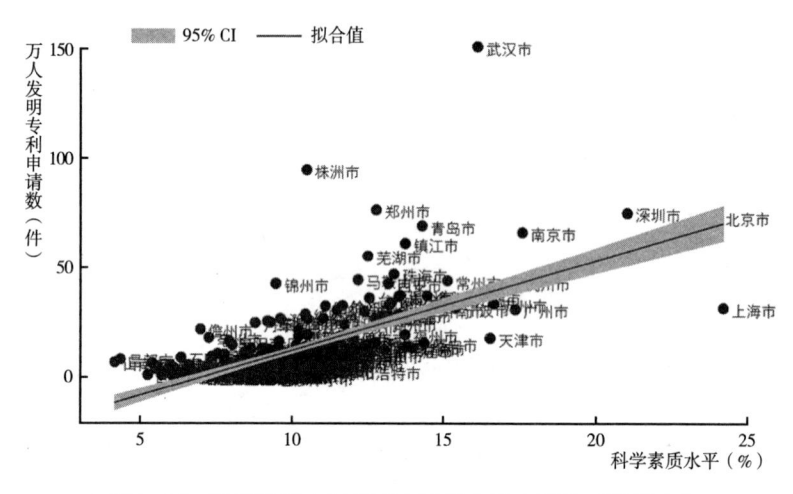

图 2-14　科学素质水平与万人发明专利申请数（地级市）

通过上述分析，可以确定区域科学素质对当地专利发展情况起到显著解释作用。具备科学素质的公民越多，一个地区就越有可能诞生创新成果与专利技术；专利越多，就越有可能在其中诞生出新的经济增长点，发展出新的企业甚至产业，推动当地走上可持续发展道路。

4. 科学素质影响区域数字化水平

依据创新驱动理论，技术创新的本质是实现生产要素和生产条件的重新配置和组合。地区运用数字化的智慧手段解决经济、政治和社会问题的能力会有效提升地区技术创新的速度和质量。因此，科学素质的提升能够通过影响地区数字化水平，给该地区创新能力带来正向影响，对地区经济发展产生带动作用。

对于一个地区数字化水平指标的度量选用北京大学大数据分析与应用技术国家工程实验室发布的《数字生态指数》。数字生态指数是按"投入—转化—产出"逻辑构建了一套包含数字经济、数字政府和数字社会等的指数体系。它主要由数字基础、数字能力和数字应用构成，从这个角度来讲，数字生态指数不仅能够综合体现各个行业领域的数智化水平，也动态反映数字化水平对于创新发展作用的各个环节。

为明确数字化水平作为中介变量对科学素质与科技创新能力之间的正向效应，本研究通过建立结构方程模型加以验证（见图2-15）。数字生态指数为高新技术产业从业人员比重影响人均地区生产总值取对数。结果显示，在这一链条中，代表数字化水平的数字生态指数成为中介变量，在科学素质对万人发明专利申请数的总体效应中，通过数字化水平产生的间接效应占73.2%。

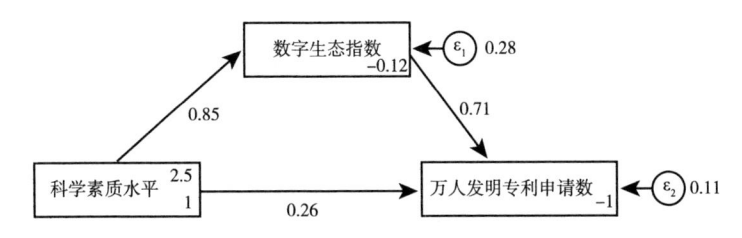

图2-15 科学素质、数字化水平、科技创新能力的中介关系

5. 科学素质促进地区经济增长

随着现代经济逐渐进入依靠创新驱动的新阶段，科技含量日益增加的产业对参与经济活动的公民提出了更高的科学素质要求。公民科学素质提升与公民科学知识增加成为经济发展的助推器，科学素质通过前文所分析的公民经济能力、产业结构、人才队伍建设和创新能力的各个方面，最终表现为对宏观经济指标的正反馈作用。近年来，随着我国公民知识水平、科学素质与劳动技术能力的不断提升，各省人均地区生产总值总体呈上升趋势。

对2020年科学素质水平与各省人均地区生产总值的回归分析结果显示，各省科学素质提升对于当地人均地区生产总值有非常高的解释力。在95%的置信区间上，各省科学素质水平每提升1个百分点，当地人均地区生产总值对数提高0.076个单位（p<0.001）。直观来看，2020年科学素质水平与人均地区生产总值对数之间的关系如图2-16所示。

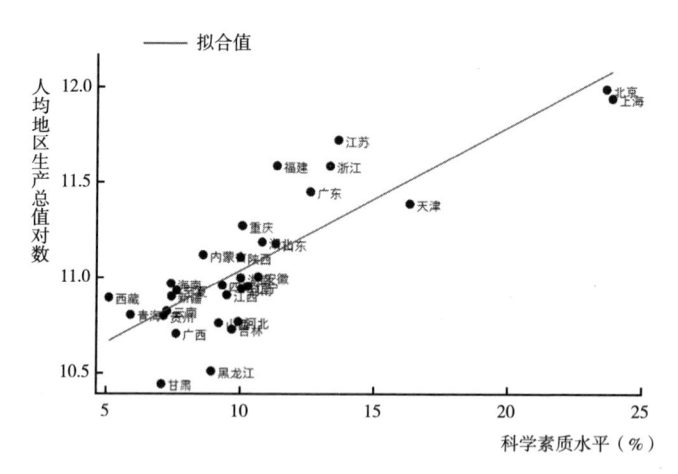

图 2-16　科学素质水平与人均地区生产总值对数

这样的解释力同样适用于地级市层面的分析。在 95% 的置信区间上，各地级市科学素质水平每提升 1 个百分点，当地人均地区生产总值对数提高 0.068 个单位（p<0.001）。直观来看，2020 年各地级市科学素质水平与人均地区生产总值之间的关系如图 2-17 所示。

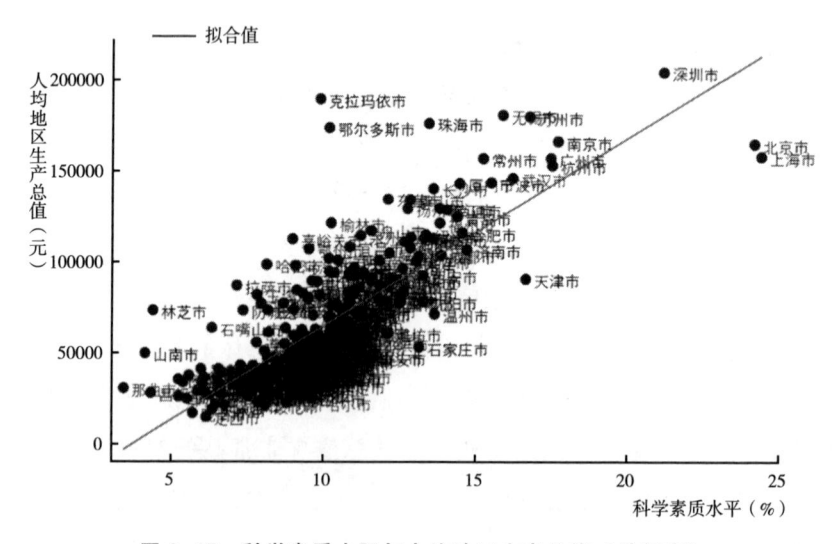

图 2-17　科学素质水平与人均地区生产总值（地级市）

上述分析表明，各省科学素质发展对人均地区生产总值增长起到显著的促进作用。前文分析认为，科学素质对经济的促进作用具体体现在对于公民经济能力、高新技术产业发展、创新人才队伍建设等方面的促进，然而科学素质本身与宏观经济层面的关联不够紧密。为此，基于前述数据分析结果，进一步对科学素质影响人均地区生产总值的间接机制加以剖析。

目前来看，高新技术产业从业人员对于科学素质向经济增长作用的传导分析结果较为明确。科学素质的提高夯实了高新技术产业人才队伍，人才储备在高新技术产业发展中具有至关重要的作用。从区域层面而言，公民具有更高的科学素质水平，可以吸引附加值较高的产业落地，形成高素质劳动力大军，助力创造高附加值产业，最终实现区域创新型经济增长。也就是说，科学素质水平较高的地区对高新技术企业入驻具有较强吸引力，能够在既有人口中提高高新技术产业从业人员比重，并通过高新技术产业的高附加值刺激经济可持续增长。这一逻辑链条在图2-18中得到直观展现。

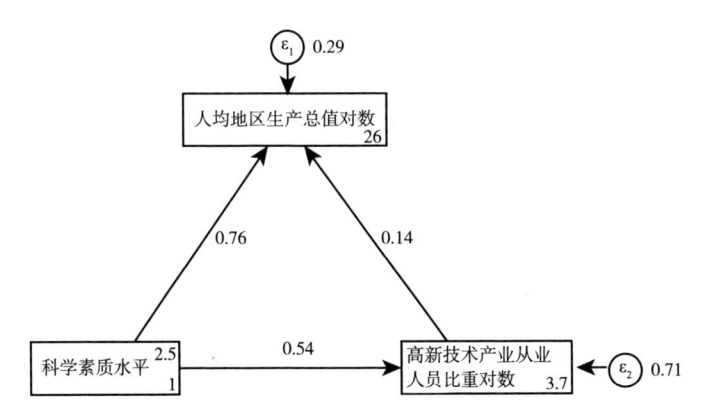

图2-18 科学素质、高新技术产业从业人员比重、
人均地区生产总值的中介关系

结构方程模型分析显示，科学素质水平直接影响人均地区生产总值对数，回归系数为0.062（p<0.001）。同时也通过高新技术产业从业人员比重影响人均地区生产总值对数，在这一链条中，高新技术产业从业人员比重成

为中介变量。在科学素质对人均地区生产总值对数的总体效应中，通过高新技术产业从业人员比重对数产生的间接效应占33.7%。高新技术产业从业人员比重对数的中介效应经过sobel检验与bootstrap检验，都在95%的置信区间上成立。

此外，科学素质通过地区的数字化水平提升地区科技创新能力，进而刺激经济增长的传导链条也得到了验证。从区域层面而言，地区运用数字化手段解决地区发展、治理过程中遇到的问题，实现生产资料和生产条件的重新组合调整，提升地区创新产出能力，刺激地区整体经济发展。

如图2-19的结构方程模型分析显示，科学素质水平直接影响人均地区生产总值对数，回归系数为0.40（p<0.001）。同时也通过万人发明专利申请数影响人均地区生产总值对数。在这一链条中，代表地区创新能力的万人发明专利申请数成为中介变量，数字化水平成为万人发明专利申请数对于人均地区生产总值对数中介作用过程中的调节变量。在科学素质对人均地区生产总值对数的总体效应中，通过万人发明专利申请数产生的间接效应占46.7%。该模型经过检验在95%的置信区间上成立。

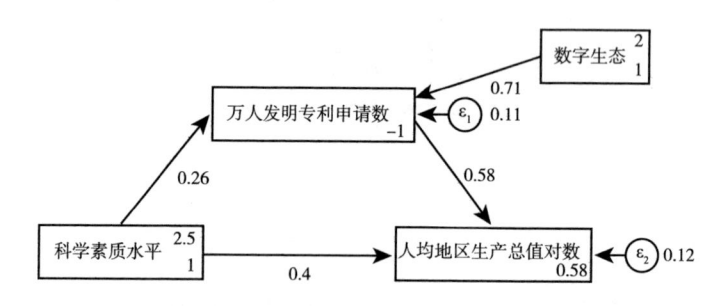

图 2-19 科学素质、数字生态、人均地区生产总值的中介关系

上述一系列分析结果表明，在当前我国经济增速换挡、结构优化、提质增效的关键阶段，公民科学素质成为高新技术产业发展的重要力量，进而为宏观经济发展提供新动能。公民科学素质作为高新技术产业发展的人力资源基础，在实现建设创新型国家目标中发挥着基础性、战略性作用。

6.科学素质与经济发展水平阶段对应关系

前文从不同角度分析了我国各地科学素质与经济发展之间的关系，从中也可以看出各地发展存在明显的区域差异。区域差异意味着在前述科学素质与经济发展的普遍关系下，探讨各地发展战略助力各地区长期发展须因地制宜，根据当地具体发展阶段与发展方式做出具体判断与分析。基于我国各省级行政单位科学素质与经济发展指标，对全国 31 个省区市（不含港、澳、台）的发展阶段进行综合分析与划分。

从科学素质来看，我国各省呈现"整体水平良好、发展明显不平衡"的特点。首先，"整体水平良好"意味着我国经过近几十年的不懈努力，已经成功将科学素质水平由 1992 年调查时的 0.3% 提高到 2020 年的 10.56%，考虑到我国科学素质基础和人口规模总量，这是相当大的成就；其次，"发展明显不平衡"意味着我国不同省级行政单位在公民科学素质水平上差异较大，整体表现为东部地区科学素质高，中西部地区科学素质较低。少数几个科学素质水平较高的区域已接近或达到发达国家水平，但广大中西部地区仍处在科学素质发展初期阶段。图 2-20 直观呈现了我国各省级行政区划单位的科学素质水平。

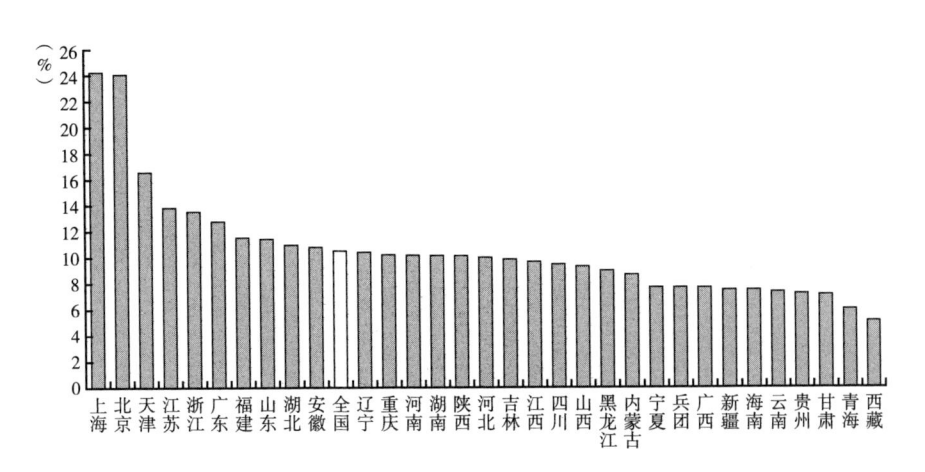

图 2-20 2020 年全国和各省级行政区划单位科学素质水平

综合上述科学素质与区域经济和创新发展的分析结果表明，各地公民科学素质水平与区域经济社会状况高度对应。公民科学素质水平小于或等于5%，处于科学素质发展夯实基础的阶段，对应经济发展欠发达；公民科学素质水平在5%~10%，科学素质快速发展，进入高速工业化阶段；公民科学素质水平达到10%~20%，经济发展步入转型升级阶段。具体来讲，公民科学素质水平小于或等于5%，对应的经济发展方式主要依托本地既定资源和区位特征，整体处于低技术经济发展阶段，系统性工业化尚未起步或刚刚起步，整体水平较低，主要经济活动位于全球价值链末端，存在轻工业但缺乏大规模工业生产，产业主要集中在农业生产、自然资源能源开发及相关加工行业。公民科学素质水平在5%~10%，进入工业化进程，工业企业发展迅速，但工业水平与技术含量较低，产业优势主要依托低成本与廉价劳动力。公民科学素质水平达到10%~20%，对应的经济发展步入转型升级阶段，一方面工业化水平达到较高程度，产业集群效应凸显，培养出一大批具有行业经验的企业与相关产业熟练劳动力；另一方面由于地价、物价、劳动力成本等上升，原本的价格优势日益消失，努力发展技术密集型产业，但由于科技创新与升级需要足够的资本、人才、机制体制甚至机遇，且投入效果并非立竿见影，相应区域在此阶段的经济发展有面临"瓶颈"的可能。公民科学素质水平达到20%以上，可以视作所在区域步入知识经济阶段的一个重要指标，这一阶段相应区域经济发展水平已达高位，汇集大量高学历高技能人才，创新能力强，第三产业与技术密集型工业发达，创新驱动型经济扮演重要角色，但也可能存在高成本带来的"工业空心化"问题。

从对我国各省份经济发展情况的分类分析可以看出，不同省份的差异主要集中在产业结构及其背后的知识资本和创新水平中。创新是对经济循环流转的突破，可以促进经济发展，甚至引发新的经济增长周期。从目前的研究结论来看，我国各地创新能力及运用创新成果的差异导致了各地主要产业发展方式与发展水平的差异。本章最后将对这些发展方式进行类型化总结。

（三）科学素质影响科学发展环境

1. 科学素质提升政府治理能力、促进社会法治化进程

科学发展环境不仅包含有关科学发展的经济因素与正式性制度规范，也包含科学素质浸染于其中的社会认知性规范。正式性制度规范可以通过制度化的科学发展手段来衡量：它包括政府的相关制度，更重要的是制度的执行结果。治理理论指出，政府的治理能力，尤其是政府治理的科技化、法治化水平直接关乎科学素质与科学创新的发展。

（1）科学素质正向影响政府治理能力

政府是社会治理的重要主体。总的来看，政府治理能力的核心是回应能力和服务能力，即对于社会公众需求能够快速响应，并运用一定技术手段针对公众需求采取相应策略，提供相应服务。回应能力的强弱，取决于政府是否开放，能否及时感知社会公众的需求；服务能力的强弱，则取决于政府资源动员、资源组织和资源利用能力的强弱。随着信息技术的发展，数字政务能力日益成为政府回应能力和服务能力的重要维度。习近平总书记曾提出："信息是国家治理的重要依据……要以信息化推进国家治理体系和治理能力现代化……更好用信息化手段感知社会态势、畅通沟通渠道、辅助科学决策。要运用大数据提升国家治理现代化水平。要建立健全大数据辅助科学决策和社会治理的机制，推进政府管理和社会治理模式创新，实现政府决策科学化、社会治理精准化、公共服务高效化。"因此，本章采用治理科技指数，综合衡量政府的治理能力。治理科技指数（参见《中国大数据发展报告 No.5》）的建立是从评估指标体系的科学性、可操作性和前瞻性角度出发，通过多元评估确立评价要素，以国家统计年鉴数据、官方公布数据、调查研究数据等为依据，遵循静态与动态相结合、科学性与实用性并重、系统性与可比性并重原则，从制度保障、发展环境、支撑能力、场景应用、效能评估五大方面，社会治理、政府治理、市场治理三大层面构建治理科技指数，综合反映该地区政府政务绩效、政务信息化和政策回应水平。

具体而言，公民科学素质提升对于政府治理能力的作用机制主要表现在两个方面：第一，公民科学素质提升，使得公民参与公共事务的能力有所提升，对于部分专业性较强的公共政策具有一定的参与能力，从而促使政府在政策层面回应公众诉求；第二，公民科学素质提升，使得公民对于新媒体技术的使用能力大大提升，公民表达诉求的方式和渠道日益多元化，诉求内容和扩散形式都有所变化，这些都对政府形成一定压力，促使其对公众诉求进行回应。

公民科学素质提升，也在一定程度上推动政府应用现代信息技术服务强化政务服务能力，从而提升政府治理绩效。具体而言，公民科学素质对政府强化政务服务能力的作用机制如下。

第一，公民科学素质提升，使得公众应用现代信息技术等先进工具的能力有所提升，公众生产生活方式有所变化，在一定程度上提高了对政府服务内容和服务频次的要求，从而要求政府应用现代信息技术强化政务服务能力。第二，公民科学素质提升，使得公众对于诸多社会问题反应迅速，从而在一定程度上倒逼政府针对社会问题快速响应，这必然要求政府运用大数据等现代信息技术手段提高自身服务水平，提升政府对公共问题的响应速度。第三，前文指出，科学素质通过影响公民诉求的形成和表达，改变了政府的回应性策略，驱动政府采用大数据手段提高社会治理的质量和效率；而大数据技术是网络时代发展到新阶段的产物，互联网本身又是信息化社会的产物。换言之，大数据技术诞生在信息化不断推进，政府、市场与社会主体不断认识、运用和调适新的技术手段和技术环境的过程之中。为此，有必要对政府绩效与信息化发展程度间的关系做进一步探讨。

利用2020年各省公民科学素质水平与治理科技指数进行回归分析，结果显示：公民科学素质水平提升对当地治理科技化水平产生显著影响；科学素质水平的地域分层，也和各地治理科技化水平的分层保持相对一致，呈现明显的阶段性特征。

相比之下，北京、上海、天津、浙江、江苏、广东等地的科学素质水平和治理科技指数都处于中上水平，西部地区相对落后。这意味着，科学素质和治理科技化水平之间也呈现一定的阶段对应特征：科学素质水平较高的地区，当地政府治理科技化程度也较高（如北京、上海、广东）；而科学素质水平较低的地区，当地政府治理科技化程度则较低（如西藏、云南、青海等），回归分析结果在图2-21中得到直观呈现。综上所述，公民科学素质的提升，使得社会公众对于政府回应的要求有所提升，进而促进政府治理能力提升。

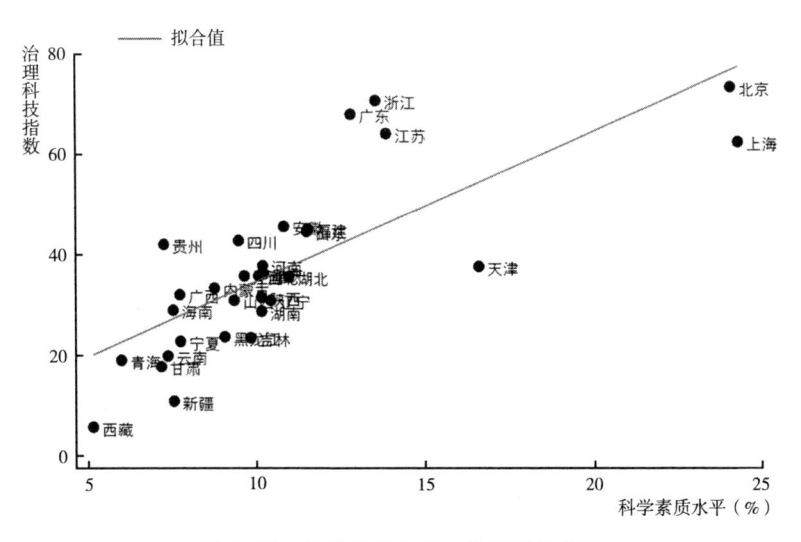

图2-21 科学素质水平与治理科技指数

（2）科学素质促进社会法治化进程

党的十八大提出推进国家治理体系和治理能力现代化的总目标，党的十八届四中全会提出全面依法治国的要求。公民科学素质与社会法治化进程的关系机制主要作用于公民法治意识增强和法律参与能力提升，进而推进政府立法和行政执法。具体而言，公民科学素质与法治化进程推进的关系如下。

第一，公民科学素质提升，有助于增强公民法治意识，进而促进公众在立法过程中的参与。科学意识包括对科学知识、科学原理的认知，也包括对各类规则的理性认知和理解。与之相对应的是，法治社会最重要的原则是依法治国。法则是各类社会规则在法律上的体现，公民科学素质提升体现为自身规则意识的增强，表现为公众对于各种法制规则的尊重和遵守，以法律来指导自身行为，加强自律，遇到问题和纠纷时，能够运用法律手段来解决问题。

第二，公民科学素质提升，有助于提升公众对法律事务的参与能力，进而使公众在必要时充当"社会监督者"的角色，推进法治进程，推动依法行政。

以2020年各地公民科学素质水平和法治化进程来考察二者之间的关系。各地法治化进程，采用《中国大数据发展报告 No.5》中大数据法治指数数据。

通过2020年各省公民科学素质水平对大数据法治指数的回归分析发现，在控制了2020年各省人均地区生产总值后，公民科学素质水平的提升对当地大数据法治指数有显著影响（$p<0.001$）（见图2-22）。

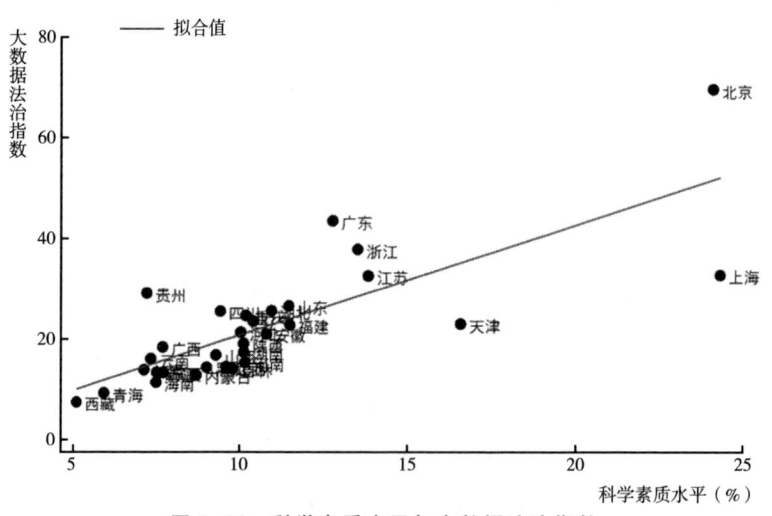

图2-22 科学素质水平与大数据法治指数

研究发现，科学素质水平会显著影响地区生产总值水平（回归系数为0.08）。与此同时，地区生产总值水平又显著影响当地的法治化进程（回归系数为0.5）。这说明，科学素质对法治化水平的影响，与经济发展关联度较高。一个可能的解释是，公民科学素质水平越高，地方人力资源质量越高，拉动地方经济，尤其是技术密集型产业的发展。随着经济的发展和产业结构的调整，出现越来越多涉及产权保护、合同纠纷等方面的法律需求，进而促进地方政府提升法治化水平。

（3）科学素质与社会治理的阶段性特征

将2020年公民科学素质水平按20%以上、10%~20%、10%以下分为三类，其中北京、上海作为全国的政治、文化、经济中心，公民科学素质发展较快，并且经济发展速度相对较快的地区如广东、江苏、浙江等，公民科学素质水平同样处于全国前列，并且这些地区的治理科技指数相对较高。这说明科学素质和治理科技化水平之间也呈现一定的阶段对应特征：科学素质水平较高的地区，当地政府治理科技化程度也较高（如北京、上海、广东）；而科学素质水平较低的地区，当地政府治理科技化程度则较低（如西藏、云南、青海等）。

科学素质与法治化水平之间也存在一定的阶段对应关系。科学素质水平较高的地区（如北京、上海、天津等公民科学素质水平在10%以上），法治化水平也较高。另外，科学素质水平排名靠后的地区（如甘肃、西藏、青海、宁夏等公民科学素质水在8%以下），其法治化水平也相对较低，二者存在明显的对应关系（见图2-23）。

综上所述，各地公民科学素质水平与当地社会发展状况密切相关，处于第一梯队的北京、上海、浙江、天津、广东等的治理科技指数、大数据法治指数普遍较高，而中西部地区如宁夏、青海、新疆、西藏等省级行政单位的治理科技指数、大数据法治指数较低。

2. 科学素质促进公众参与

对于科学文化环境而言，除制度规范能够促进科学发展与技术创新之外，科学素质与科技创新浸染其中的认知性规范也能够形成促进或抑制科学发展的氛围，对科技创新和经济发展起到正向或负向作用。本研究认为，公众参与，包括公众关注科学的意识、践行科学的意愿和良好的社会氛围是衡量科学文化环境"软规范"这一向度的重要组成部分。

公众参与既是社会治理的基础，也是社会政策的基石，其广泛性、深刻性和科学性与社会治理的有效性成正比。近年来，随着我国政治文明和精神

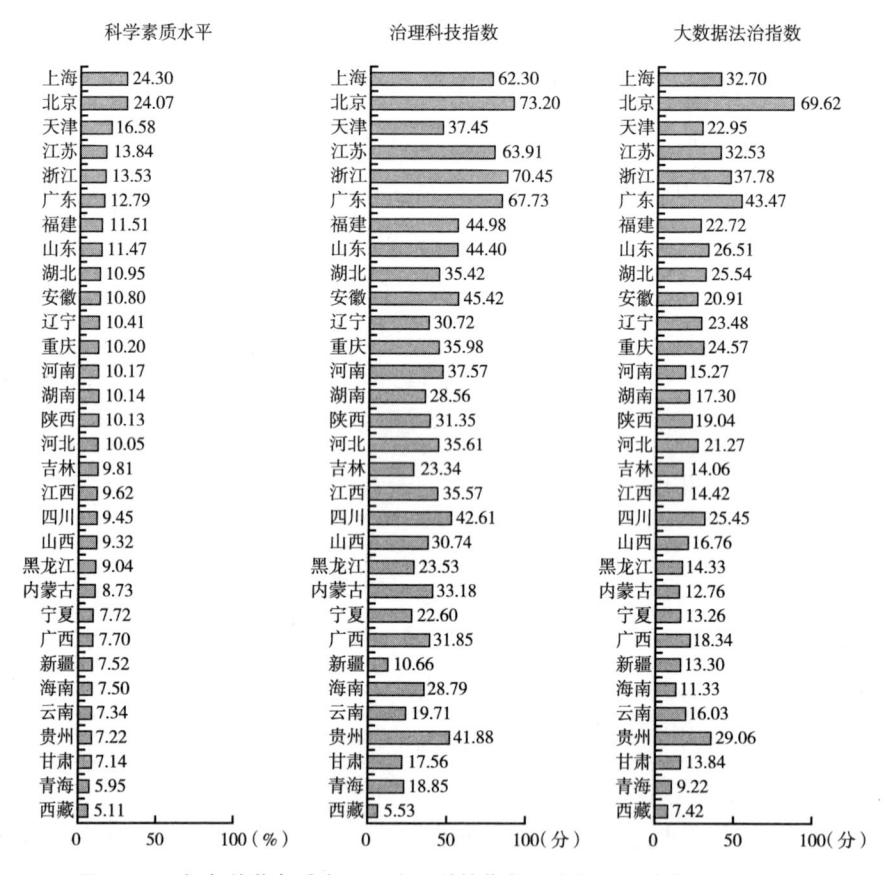

科学素质水平		治理科技指数		大数据法治指数	
上海	24.30	上海	62.30	上海	32.70
北京	24.07	北京	73.20	北京	69.62
天津	16.58	天津	37.45	天津	22.95
江苏	13.84	江苏	63.91	江苏	32.53
浙江	13.53	浙江	70.45	浙江	37.78
广东	12.79	广东	67.73	广东	43.47
福建	11.51	福建	44.98	福建	22.72
山东	11.47	山东	44.40	山东	26.51
湖北	10.95	湖北	35.42	湖北	25.54
安徽	10.80	安徽	45.42	安徽	20.91
辽宁	10.41	辽宁	30.72	辽宁	23.48
重庆	10.20	重庆	35.98	重庆	24.57
河南	10.17	河南	37.57	河南	15.27
湖南	10.14	湖南	28.56	湖南	17.30
陕西	10.13	陕西	31.35	陕西	19.04
河北	10.05	河北	35.61	河北	21.27
吉林	9.81	吉林	23.34	吉林	14.06
江西	9.62	江西	35.57	江西	14.42
四川	9.45	四川	42.61	四川	25.45
山西	9.32	山西	30.74	山西	16.76
黑龙江	9.04	黑龙江	23.53	黑龙江	14.33
内蒙古	8.73	内蒙古	33.18	内蒙古	12.76
宁夏	7.72	宁夏	22.60	宁夏	13.26
广西	7.70	广西	31.85	广西	18.34
新疆	7.52	新疆	10.66	新疆	13.30
海南	7.50	海南	28.79	海南	11.33
云南	7.34	云南	19.71	云南	16.03
贵州	7.22	贵州	41.88	贵州	29.06
甘肃	7.14	甘肃	17.56	甘肃	13.84
青海	5.95	青海	18.85	青海	9.22
西藏	5.11	西藏	5.53	西藏	7.42

图 2-23 各省科学素质水平、治理科技指数、大数据法治指数分组次序

文明建设不断推进和深化，公民意识显著提升，主要表现为公民的社会责任感越来越强，主动承担社会公共责任，积极参与社会事务；同时，互联网普及和自媒体兴起也拓宽了公民认识社会、参与社会活动的渠道。总体而言，公民通过不同途径，以多样的形式，日益广泛地参与社会生活并影响社会发展进程。

将与科学素质相关联的公民参与划分为两个方面，对 2020 年中国公民科学素质调查结果进行回归分析。首先是公民对科技类新闻话题的关注及对与科技相关公共事务的参与；其次是公民公共精神和社会责任感的培育和践行，具体表现为社会志愿组织和活动以及环保行动的参与等。接下来逐一对科学素质与公民参与变量进行回归分析（见表 2-1）。

表 2-1 科学素质与公民参与变量回归分析结果

变量	关注科学				社会服务		环境保护
	应急与避险	前沿科技	航空航天	网络与信息技术	每万人志愿服务时长	每万人志愿者人数	参与环保行动
科学素质	0.0305*** (0.009)	0.264*** (0.019)	0.0311*** (0.011)	0.135*** (0.012)	3.430** (0.721)	0.008*** (0.001)	1.095** (0.007)
性别	−0.148*** (0.009)	−0.473*** (0.008)	−0.485*** (0.009)	0.3843*** (0.008)			
学历	0.096*** (0.005)	0.146*** (0.005)	0.030*** (0.005)	−0.131** (0.005)			
年龄	0.0313*** (0.005)	−0.170*** (0.005)	−0.020** (0.006)	0.294** (0.005)			
常数	−0.07498*** (0.019)	0.50*** (0.020)	0.3277** (0.021)	−0.93*** (0.020)	−30.6353* (0.831)	0.059** (0.021)	7.835* (0.047)
调整后 R^2	0.018	0.043	0.033	0.042	0.417	0.385	0.4542
样本量	309027	309027	309027	309027	31	31	59317

注：表中参与环保行动模型中的系数为"发生比例（标准误）"，其他模型均为"回归系数（标准误）"。*** $p<0.001$，** $p<0.01$，* $p<0.05$。

（1）科学素质促进公众关注科学，参与科技类协商与政策活动

科学素质提升能增进公众对科技发展话题的兴趣。科学素质提升最直接的影响，就是促进公众对科学话题和科技发展信息的兴趣和关注，积极参与到与科技相关的公共活动中。2020 年调查公民科学素质与公民对特定新闻话题感兴趣程度之间的关系，使用 Logistic 回归分析显示：在控制了性别、年龄、受教育水平等因素后，公民科学素质对公民就"应急与避险""前沿科技""网络与信息技术""航空航天"话题的感兴趣程度具有显著影响（$p<0.001$）。这意味着科学素质显著提升了公民对科技发展话题的感兴趣程度。科学素质的提高有利于全面提升公民对科技领域知识的了解程度，进而提高其参与科技类公共协商和政策活动的能力。

（2）科学素质促进公众参与公共事务

科学素质不仅能强化人们对科技类议题的兴趣和公共协商参与，通过培

养理性思维和行动提升公民参与能力，还能通过促进人们对全球、自然环境、政治和社会共同体一般运行规律的科学认知和理性行动，加强公民对政治共同体事务、社会志愿服务、环境保护等各项公共事务的参与，培养公共精神和社会责任感，激发社会凝聚力和活力。

科学素质提升促进公民参与社会志愿服务。志愿服务发展是提高社会治理能力和水平的重要内容，促进公众参与志愿活动是推动志愿服务可持续发展的必行之策。《中国志愿服务参与状况调查报告》通过研究我国志愿服务参与现状发现，受教育程度高的居民更可能参与志愿服务；各类志愿服务的参与率存在差异，内部发展不平衡；不同代际、地区活跃志愿者在各志愿服务领域的参与率差异明显。现有文献尚未讨论公民科学素质对公民参与志愿服务的影响，由本项研究前述发现可知，公民科学素质提升使得公民对科技相关领域的信息更感兴趣，同时也具备更扎实的科学知识和运用知识的能力，这有利于提高公民参与科技相关志愿服务的意愿和实际服务水平，对社会产生更大贡献。此外，公民科学素质本就包含于公民整体素质之中，公民科学素质的提升必定使公民整体素质得到提升，从这个层面而言也有利于促进公众参与志愿服务。考察2020年调查中具备科学素质的公民占比（省级数据）与各省志愿服务时长、志愿者人数之间的关系，使用线性回归进行分析，具体结果显示：从省级数据来看，在99%的置信水平下，各省公民科学素质水平与每万人志愿者人数及每万人志愿服务时长都具有显著的正相关关系。科学素质水平每上升1个百分点，每万人志愿者人数增加34人，每万人志愿服务时长增加6900小时，这说明公民科学素质提升对公众参与志愿活动有积极作用。

上述分析表明，公民科学素质提升有助于促进公众参与志愿服务。然而，根据《中国志愿服务参与状况调查报告》，科普宣传类志愿服务的公众参与率仅有2.7%，仍有较大提升空间。公民科学素质提升对促进公众参与科技相关的志愿活动有着最为直接的正向作用，增加科技相关志愿活动的举办频率、创新科技相关志愿活动形式、加大科技相关志愿活动的宣传力度，使得公众有更多机会、更大兴趣投身于科技相关志愿活动，是运用公民自身科学素质的绝佳机会。当然，这需要社会各界通力合作，需要政府、高校、科研院所、学会、民间志愿者团队等共同策划推动。

科学素质促进社会组织和公民个体开展环保行动。习近平总书记指出："绿水青山就是金山银山。"修复生态功在当下、利在千秋，因此推动环境保护势在必行，而环保行动有赖于社会组织和公民个人的积极参与。不断提高环保水平和质量，需要参与者理解和树立可持续发展理念，掌握相关的知识和技能，对于强化公众对环保问题和信息的关注和理解有积极作用。公民科学素质的提升，将促使社会团体和公民个人更加积极地投身环境保护活动。

首先，科学素质提升为民间环保组织化行动提供丰厚土壤。为了考察2020年公民科学素质水平（省级数据）与各省民间环保组织数量之间的关系，本研究使用线性回归进行分析，结果显示，省级层面，公民科学素质的提高对环保组织的发育有显著的正向影响（$p<0.01$）。拥有科学素质的人口比例每提高1个百分点，民间环保组织数量增长约13个。

其次，科学素质促进公民个体的环保活动参与。使用多水平模型将环保行为的个体数据与科学素质的省际数据相结合，可以更好地检验各省科学素质状况是否对公民环保行为造成影响。宏观层次的检验不足以证明科学素质对于每一个公民个体的环保行为产生了影响，且受制于样本量规模（全国仅有31个省级行政区划单位），许多控制因素难以排除。个体层面的数据虽然可以直接将公民的环保行为作为分析对象且可以使用更多的控制变量，但缺乏兼具科学素质与环保行为的大型调查数据。因此，将宏观科学素质与微观个体行为相结合的多水平模型是分析公民环保参与的一种有效方式。结合2013年中国综合社会调查（Chinese General Social Survey，CGSS）数据与2010年全国抽样调查中具备科学素质的公民占比（省级数据）对公民个人环保行为进行分析。在下述五项与环保行为相关的活动中，只要有一项"频繁"，即视为积极参与环保行动，反之则视为不积极参与环保行动。五项活动分别是：垃圾分类投放；为环境保护捐款；积极参加民间环保团体举办的环保活动；自费养护树林或绿地；积极参加要求解决环境问题的投诉、上诉。据此将所有样本编码为积极参与环保行动与不积极参与环保行动两种。加入年龄、性别、受教育水平、收入、是否党员等控制变量后，使用多水平模型，以省份为分组依据进行回归。结果显示，在99%的置信水平下，各省具备科学素质的人口比例每上升1个百分点，生活在科学素质水平更高省份的公民积极参与环保行动和不积极参与环保行动的概率之比是生活在科学素质水平更低省份的1.095倍。可见，在其他因素不变的情况下，生活在科学素质水平更高省份的公民有更高的概率参加环境保护行动。此外，在控制变量中，性别、收入、受教育水平、是否党员等因素都对公民的环境保护行为有显著影响，这也符合人们的一般认知。更为重要的是，即使这些因素在模型中得到控制后，科学素质仍然对公民个人的环保行为有显著的正向影响。

（3）科学素质与公众参与的阶段性特征

将各省拥有科学素质的公民比例按照20%以上、10%~20%、10%以下的标准进行划分，其中北京与上海为后工业化阶段，天津、江苏、浙江与广东四省为工业转型升级阶段，其他省份为工业化阶段。这里以公民个人环保参与、民间环保组织发展和一般性志愿服务参与为例，呈现科学素质与公众参与关系的阶段性特征（见图2-24）。

总体来看，各省的公众参与水平与科学素质发展呈现一致的阶段性：科学素质很高、已经处于后工业化阶段的北京和上海，在四个指标上均居于全国较高水平，进入了"高参与阶段"；科学素质较高、处于工业转型升级阶段的天津、江苏、浙江与广东，在参与环保行动比例与每万人民间环保组织数量上表现优良，但志愿服务的参与情况仍有待加强，列为"发展参与阶段"；其他省份拥有科学素质的居民所占比例不到10%，在四个指标上的表现也相应较差，目前还有较大提升空间，属于"低参与阶段"。

三 小结

本章对科学素质与产业结构和区域发展、科学素质与创新能力和经济增

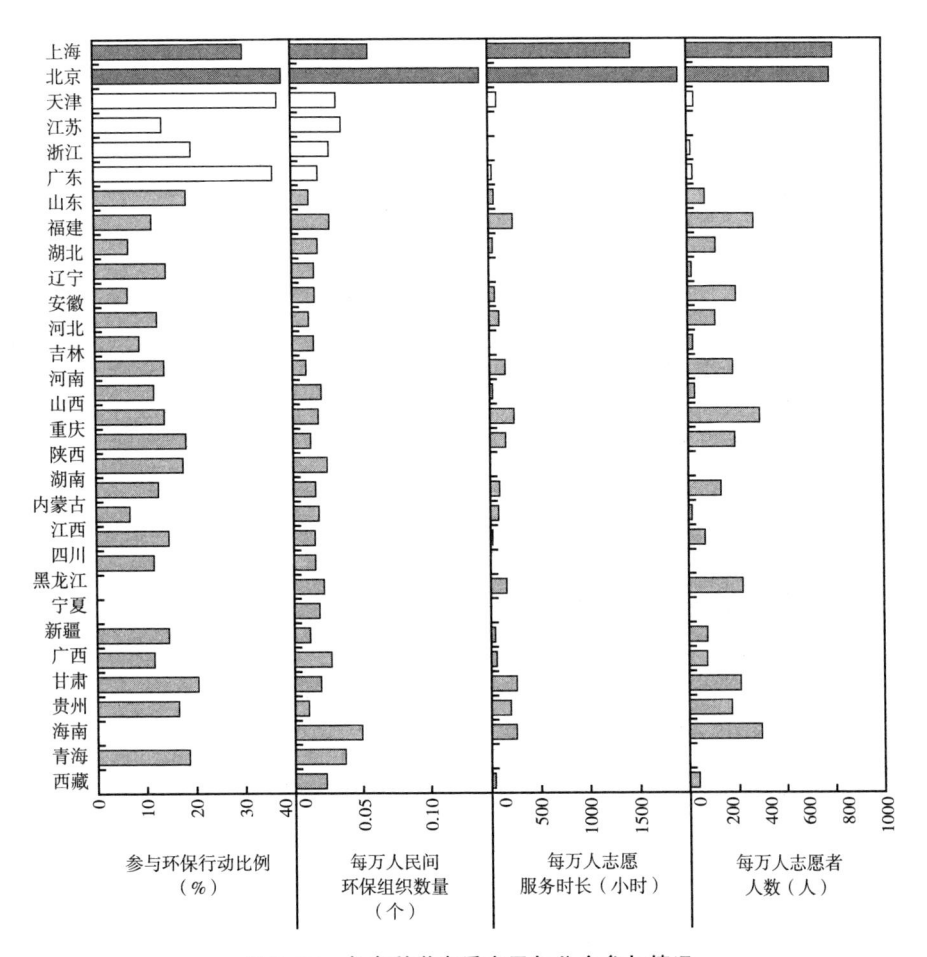

图 2-24 各省科学素质水平与公众参与情况

长、科学素质与科学发展环境三个方面展开深入分析。

结果显示，在区域综合发展方面，公民科学素质提升对于区域经济发展和产业结构优化起到显著正向影响，科学素质对于产业结构升级和区域经济增长起到正反馈作用，各地高新技术产业集聚程度与生产经营状况在一定程度上受当地公民科学素质水平的影响。

在创新能力与经济增长方面，各省科学素质发展对人均地区生产总值增长起到显著的促进作用。科学素质对经济的促进作用体现在对于公民经济能力、高新产业发展、创新人才队伍建设等方面的促进。在当前我国经济增速换挡、结构优化、提质增效的关键阶段，公民科学素质成为高新技术产业发展的重要支持力量，进而为宏观经济发展提供新动能。公民科学素质作为高新技术产业发展的人力资源基础，在实现建设创新型国家目标中发挥着基础性、战略性作用。

在科学发展环境方面，公民科学素质提升对于社会治理具有正向促进作用，有助于提升公众的公共参与能力。公民科学素质提升，有助于强化公民的法治意识和法治能力，进而推进法治化进程，促进社会治理目标的实现。公民科学素质提升对于公民参与的促进作用，主要体现为有助于提升各种形式公民参与的数量和质量，培育现代公民的科学文化和精神，提高社会治理水平，从而促进国家治理体系和治理能力现代化。

通过对科学素质与区域经济发展、科技创新、社会治理、公众参与等方面的关系进行系统论证，为科学素质与经济社会发展的阶段对应理论提供路径和机制层面的实证支撑。在明确上述路径机制的基础上，接下来将探讨公民科学素质与经济社会高质量发展的关系。

第三章
构建公民科学素质高质量发展指数

一 构建科学素质高质量发展指标体系的意义

习近平总书记在党的二十大报告中指出,"高质量发展是全面建设社会主义现代化国家的首要任务"。我国经济已转向高质量发展阶段,经济社会发展必须以推动高质量发展为主题。《科学素质纲要》提出以提高全民科学素质服务高质量发展为目标,以科普和科学素质建设高质量发展服务和推动经济社会高质量发展。如何建立科学素质与高质量发展的联系,拓展科学素质的理论性和实践性,进一步明确科学素质高质量发展对经济社会高质量发展的服务和推动作用,成为新时代一项重要命题。

在"两翼理论"指导下,为贯彻落实党中央、国务院关于科普和科学素质建设的重要部署,落实国家有关科技战略规划,《科学素质纲要》指出,"提升科学素质,对于公民树立科学的世界观和方法论,对于增强国家自主创新能力和文化软实力、建设社会主义现代化强国,具有十分重要的意义"。"两翼理论"的提出与确立和《科学素质纲要》对科学素质重要性的强调都指出一个鲜明的事实:一个国家的创新水平越来越依赖全体劳动者科学素质的普遍提高,全民科学素质为我国高质量发展提供基础支撑,以科学素质高质量发展服务和推进中国式现代化建设。

公民科学素质高质量发展指数构建与评价

本世纪以来，全球科技创新进入空前密集活跃的时期，新一轮科技革命和产业变革正在重构全球创新版图、重塑全球经济结构，科技创新成为国际战略博弈的主要战场，围绕科技制高点的竞争空前激烈。国际国内的双重压力使得走独立自主的创新发展道路、持续提升我国经济发展质量和效益的需求日益紧迫。为充分应对国际环境的不确定性和不稳定性，在新一轮科技产业变革中掌握战略主动性，我国必须坚定不移走好走稳新时代高质量发展之路，转变发展方式、优化经济结构、转换增长动力。在国际格局和国际体系发生深刻调整、我国发展面临"百年未有之大变局"之际，科技创新日益成为提高社会生产力和综合国力的战略支撑，普及科学教育、增加公民科学知识储备、培养具有科学素质的劳动力队伍，成为国家勇攀科技高峰、健全经济结构、实现长期发展的社会根基。新时代、新局面和新挑战对我国现阶段大力推动科普教育工作、推行全民科学素质行动计划提出了新的意义和要求。为此，必须落实好科技强国的战略目标，营造良好的人才创新生态环境，充分认识提升公民科学素质的紧迫性，充分理解科学素质与经济社会发展各要素之间的关联性，增强国家自主创新能力和科技文化软实力，努力实现高水平科技自立自强。

要实现科技成果的快速转化，建立一支高素质科技大军，必须普遍提高全民科学素质，提升其数字化能力和吸收、应用新技术的能力。对我国各地公民科学素质进行测评，反映科学素质促进我国不同区域经济发展成果，特别是创新成果和社会创新基础，有助于深化我们对于国内不同地区发展水平与长期发展潜力的认知。因此，有必要围绕公民科学素质建立一套综合性、指数化的区域发展评价体系，推动对科学素质发展及其经济社会效用的认知。这套指标体系需要反映我国科学素质发展的总体水平、差异状况和结构特征，构建科学化、结构化、深层次、实践性的评价工具；同时，要从宏观、立体、动态的视角审视公民科学素质建设的地位与作用，将这一关键指标置于区域经济发展和创新能力建设中加以审视，让科学素质的测量与研究服务于强国建设的目标和要求，建立结构化、流程式、实践导向的评价体系。

为此，本章以服务高质量发展为目标，基于经济增长理论、创新驱动理论等政治经济学理论，以公民科学素质发展为基础，结合科技创新效能和科学发展环境，综合构建科学素质高质量发展指标体系，探讨公民科学素质与经济社会高质量发展的关系。

二 科学素质高质量发展指标体系的理论基础

（一）提升全民科学素质是高质量发展的内在要求

根据《科学素质纲要》的定义，"科学素质是国民素质的重要组成部分，是社会文明进步的基础。公民具备科学素质是指崇尚科学精神，树立科学思想，掌握基本科学方法，了解必要科技知识，并具有应用其分析判断事物和解决实际问题的能力"。提升科学素质，对于公民树立科学的世界观和方法论，对于增强国家自主创新能力和文化软实力、建设社会主义现代化强国，具有十分重要的意义。需要以高素质创新大军支撑高质量发展，助力构建新发展格局；营造科学理性、文明和谐的社会氛围，服务国家治理体系和治理能力现代化；深化科技人文交流，增进文明互鉴，服务构建人类命运共同体。提升公民科学素质，从科技创新引领角度规划物质文明、精神文明、政治文明、社会文明、生态文明这五大文明的深度协同，助力全社会多要素的高质量协调发展。

本世纪以来，全球科技创新进入空前密集活跃的时期，科学技术本身的创新、基于科学技术的创新、科学技术驱动的创新成为经济增长的关键动力。从国家创新体系和创新生态系统建设来看，提升全民科学素质，增进公众对科学技术及其创新成果的认识和理解，形成对科技创新的积极态度，进而提升自己的科学知识、科学思维和科学能力；在社会范围内，使科学素质建设目标由单一维度转向多维度的科学素质高质量发展，培育勇于创新的精神和崇尚创新的文化，为经济社会高质量发展和高水平科技自立自强厚植创新土壤。

公民科学素质高质量发展指数构建与评价

国家科技创新力的根本源泉在于人。拥有一流的创新人才和具备科学素质的劳动力群体，就能在科技创新和产业发展中占据优势，这对提高全民素质、培育创新人才提出了更高要求。可以说，在科学技术日新月异的今天，一个国家、地区科学技术的普及程度，是决定这个国家、地区生产力和文化发展水平以及这个民族创造能力的根本因素之一。科学普及促成和推进了科研成果转化，为提高生产力，推动科技与经济、社会的融合，奠定了长期建设人才第一资源的社会基础。面对新时代高质量发展任务，要突出科学精神引领，在全社会形成崇尚创新的科学氛围，提升青少年、农民、产业工人、老年人、领导干部和公务员等重点人群的科学素质，实施好科技资源科普化、科普信息化、科普基础设施建设、基层科普能力提升等科学普及工程，建立起具有科学素质、能够适应新时代经济社会发展需要的高素质创新人才大军，为数字经济、智能制造、生命健康、新材料等战略性新兴产业发展提供充足的人才队伍和消费市场保障。站在新的历史起点上，科学素质建设要担当更加重要的使命，提高全民科学素质服务高质量发展，能够为全面建设社会主义现代化强国提供基础支撑。没有全民科学素质的普遍提高，就难以建立起高素质创新人才大军，难以实现科技成果快速转化。

习近平总书记强调："现在，我国经济社会发展和民生改善比过去任何时候都更加需要科学技术解决方案，都更加需要增强创新这个第一动力。"夯实科技创新的人才基础要求落实好全民科学素质提升工作，提升全民科学素质是推动和服务高质量发展的重要前提。只有提高全民科学素质，让广大群众用科学知识和科学精神武装头脑，确保广大人民群众普遍了解和认可科技发展与科技产品，才能有足够多的掌握新技术的劳动者、消费者和从业者，形成更多新的增长点、增长极，科技创新成果才能不断发展进步，造福社会和大众。

简言之，为应对好国内外的新趋势新变化，加快实现高水平科技自立自强、建设世界科技强国，必须坚定不移贯彻新发展理念，把发展质量和效益摆到更为突出的位置，努力满足人民日益增长的美好生活需要。持续提高公民科学素质，促进人的全面发展，助力实现人的现代化，为建设社会主义现代化强国、以中国式现代化全面推进中华民族伟大复兴赋能添力。

（二）高质量发展的时代内涵

高质量发展既是中国特色社会主义发展新阶段的理论要求，也是新时代中国经济发展阶段性变化的实践要求。这是我们党把握发展规律从实践认识到再实践再认识的重大理论创新，也是指导新时代全面建设社会主义现代化国家的理论需要，其诞生填补了以西方经济学为代表的发展经济学领域的理论空白，契合了时代发展的实践背景，同时也是马克思主义中国化新成果的重要组成部分。

从学术理论层面来看，高质量发展背后体现出社会演化的整体发展观，典型表现为经济系统、社会系统和制度系统的高度现代化及其演化结果，即高度现代性。西方古典经济学将"发展"理解为"增长"，主要关注劳动、资本、土地和技术进步等要素对经济增长的影响。二战后，在现代化理论和以发展经济学为主的政治经济学的不断探索下，人们普遍认为高质量发展的递进意味着从经济发展主导嬗变为社会发展主导，在物质匮乏的问题逐步解决后，新阶段的发展任务转向人的发展，追求经济发展服务于社会发展。发展涉及经济增长的结构、波动、分配、质量等问题，既包括经济增长内容，也包括生态环境、民主法制、公平正义、安全稳定等非物质层面的内容。在长期发展中，微观经济是发展基础，宏观经济是总体水平，民生事业是最终目标。尽管随着经济学的不断发展完善，发展质量问题日益得到重视，但世界范围内，现代主流经济学领域还未开发出普遍应用的、对质量内涵进行多维评价的工具，也尚未形成能够系统指导经济社会高质量全面发展的宏观理论，特别是未能形成对中国新时代发展具有实际指导意义的理论。其原因主要有二，第一，现代主流经济学主要由西方学者提出和阐发，修改与发展也大多限定在既有理论框架中，理论建构与应用模型大多基于西方经济发展经验，同时将经济视作纯粹的社会性活动，往往忽略经济发展中的政治因素。第二，尽管发展质量日益受到重视，但西方主流经济学的分析框架中，依然保留着古典经济学发展而来的理论惯性，通常对质量等个体因素进行抽象，假设产品具有高度同质性，以便简化分析过程，但这也导致从根本上缺乏研究质量问题的学理基础，忽视了马克思主义政治经济学中强调的商品二重性问题。总体来看，国际上的主流发展经济学以西方经济学理论为基础，不足以为中国长期发展提供有效的理论指导，中国经济发展的实践亟须创建具有新时代特征和中国特色的发展经济学，高质量发展理论正是在这样的必然要求下应运而生。

高质量发展既是研究新时代中国特色的现代化强国建设道路、促进中国特色发展经济学理论创新的学理要求，也是根据中国发展阶段、发展环境、发展条件变化做出的科学判断和实践要求。党的十八大以来，以习近平同志为核心的党中央对经济社会发展提出了高质量发展的重大理论和理念，将党的发展思想升华到了新的境界。2015年，在党的十八届五中全会上，习近平总书记提出创新、协调、绿色、开放、共享的新发展理念，为经济发展提供根本遵循，也成为习近平经济思想的核心要义。2017年10月，习近平总书记在党的十九大报告中鲜明指出，中国经济已由高速增长阶段转向高质量发展阶段，正处在转变发展方式、优化经济结构、转换增长动力的攻关期。2020年，党的十九届五中全会指出，"我国已转向高质量发展阶段"。2022年10月，习近平总书记在党的二十大报告中强调，要坚持以推动高质量发展为主题，把实施扩大内需战略同深化供给侧结构性改革有机结合起来，增强国内大循环内生动力和可靠性，提升国际循环质量和水平，加快建设现代化经济体系，着力提高全要素生产率，着力提升产业链供应链韧性和安全水平，着力推进城乡融合和区域协调发展，推动经济实现质的有效提升和量的合理增长。

（三）高质量发展的评价指标

为落实好《科学素质纲要》"提高全民科学素质服务高质量发展"的目标，有必要明确科学素质高质量发展指标体系与高质量发展之间的联系。为实现这一要求，首先要对"高质量发展"的衡量标准进行明确。目前，我国不同政府部门、学术机构、商业机构构建了一系列衡量我国各地区经济社会高质量发展程度的指标体系。最具权威性的指标体系主要是由国家发改委提出的高质量发展综合绩效评价指标体系。据初步了解该评价体系设立了7个方面的一级指标，将全国31个省区市划分为四类，对综合发展情况进行绩效评价。在中央层面的指标体系之外，各地方政府也结合本地实际情况制定了相关指标体系。如湖南省人民政府制定的《湖南省高质量发展监测评价指标体系（试行）》、江苏省制定的《江苏省高质量发展监测评价指标体系与实施办法》《设区市高质量发展年度考核指标与实施办法》、浙江省制定的《浙江省高质量发展指标体系（2018—2022年）》、成都市制定的《成都市高质量发展评价指标体系（试行）》等。一些学者如马茹、鲁继通、朱卫东、黄敏等人也从不同的研究角度设计了高质量发展指标体系。这些指标体系对全面衡量和反映相关地区的发展情况进行了探索，纳入了丰富、多维度、全面的衡量指标以获得综合得分和地区排名。

上述各类高质量发展指标体系在指标的设定上通常涵盖全面，力求从各个角度系统衡量地区发展情况。国家发改委提出的高质量发展综合绩效评价指标体系包含7个一级指标：综合质效、创新发展、协调发展、绿色发展、开放发展、共享发展和主观感受。这7个一级指标中，综合质效用于系统、整体评价区域经济社会发展情况，主观感受通过公民满意度测量"发展服务人民"的程度，而创新发展、协调发展、绿色发展、开放发展、共享发展5个一级指标则对应了高质量发展的5个维度，即"创新、协调、绿色、开放、共享"的新发展理念。该指标体系通过设计一系列可操作化的评价指标将这五大发展理念落实到测量层面，为综合评估一个地区的发展水平提供了有力的评价标准。"湖南省高质量发展监测评价指标体系"包括综合质量效益、创新发展、协调发展、绿色发展、开放发展、共享发展6个一级指标，下设34个二级指标和64个三级指标。"江苏省高质量发展监测评价指标体系"由六大类40个指标构成，对经济发展、改革开放、城乡建设、文化建设、生态环境、人民生活6项内容进行考察。"浙江省高质量发展指标体系"由质效提升、结构优化、动能转换、绿色发展、协调共享、风险防范6个方面66个指标构成。学者黄应绘认为衡量高质量发展成果时，应当首先对城市化地区、农产品主产区和重点生态功能区三大主体功能区进行划分，因地制宜针对不同功能区从经济、社会、政治、文化、生态5个维度出发对高质量发展成果进行评价。马茹等人设计的经济高质量发展评价体系从经济活动过程的角度出发，包括高质量供给、高质量需求、发展效率、经济运行、对外开放5个一级指标，下设15个二级指标和28个三级指标。魏敏和李书昊构建了一个经济增长质量的评价体系，包括动力机制转变、经济结构优化、开放稳定共享、生态环境和谐及人民生活幸福5个方面，下设30个细分指标并进行指数测算。这些研究和实践为构建科学素质高质量发展指数提供了有益的参考和借鉴。

三　科学素质高质量发展的主要结构维度

在高质量发展相关理论的指导下，从三个方面构建科学素质高质量发展指标体系：提升公民科学素质，将直接促进人的全面发展，提升科技人力资源水平，优化人力资源供给；对于区域产业转型升级和科技创新效能提升，具有重要的促进作用；将提升社会治理能力，促进社会文明进步，推动社会转型。公民科学素质作为国家创新指数的10个主要构成指标之一，与高质量发展具有广泛而密切的联系，是推动科技创新、服务高质量发展的核心要素，应成为高质量发展评价的一部分。

鉴于公民科学素质与科技创新、服务高质量发展的广泛联系，课题组在高质量发展理论框架下构建科学素质高质量发展指标体系。该体系以公民科学素质为核心，涵盖科学素质发展环境，指向科技创新效能，总体评估公民科学素质在各地创新发展中的地位与作用，为综合评价各地高质量发展提供补充和参考。从指标建构思路来看，包含三个评价维度即一级指标：科学素质质量、科学发展环境和科技创新效能，科学素质与高质量发展的结构关系如图3-1所示。

第三章 构建公民科学素质高质量发展指数

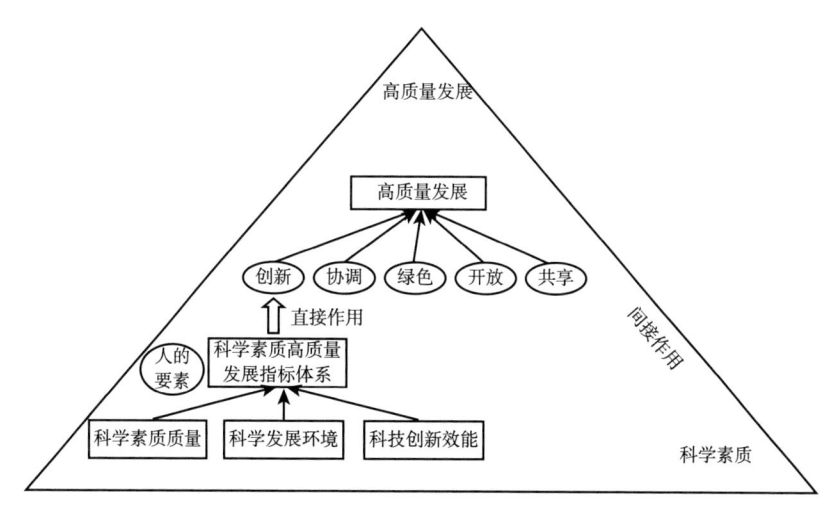

图 3-1 科学素质高质量发展指标体系与高质量发展间的关系

科学素质高质量发展指标体系与高质量发展中的"创新发展"维度相衔接。在科学素质高质量发展指标体系中，科学素质质量、科学发展环境和科技创新效能三者共同作用，分别从输入、环境和输出角度，为创新发展提供了必需的社会人力基础、适宜创新的社会生态环境与成果输出。科学素质高质量发展与创新紧密相连，并间接服务于高质量发展的其他部分，但二者之间并非简单的包含或重叠关系。科学素质高质量发展指标体系是一个以公民科学素质为基础、衡量区域创新与经济发展潜力的指标体系，其独特性与创新性主要在于潜力导向和结构效能。相较于全面、综合评价经济社会发展的其他高质量发展评价体系，科学素质高质量发展指标体系并不追求对各地经济、社会、文化、法治、福利、环保等全部维度现有发展水平的全覆盖评价，而是着重关注建立在社会行为者生产生活素质特征基础上的经济发展潜能，即科学素质高质量发展指标体系关注点更加聚焦，更加关注创新型经济发展的潜力和趋势。科学素质高质量发展指标体系从公民科学素质水平出发，以社会创新土壤为主要视角，旨在充分体现和发挥科学素质的基础性、前瞻性作用，为分析描述高质量发展提供具有动态参考价值与预测价值的切片式评价指标，充分展现科学素质在整体经济建设和创新型经济

063

发展中的原发性作用。

科学素质高质量发展指标体系包含3个维度即3个一级指标，分别为科学素质质量、科学发展环境和科技创新效能。从指标体系内部来看，科学素质高质量发展指标体系的3个维度间存在一定关联性，科学素质质量是该体系的基础，反映着全社会的知识要素水平、发展情况和均衡性；科学发展环境整体体现出全民科学素质与科技创新效能依赖的经济、社会、文化环境；科技创新效能建立在全民科学素质的基础上，是全民科学素质发展顶端产生的科技创新成果。

科学素质质量是创新发展的科技人力基础。《人民政协报》刊登的研究习近平总书记"两翼理论"的系列报告中指出，国家科技创新力的根本源泉在于人。拥有一流的创新人才和具备科学素质的劳动力群体，就能在科技创新和产业发展中占据优势。站在新的历史起点上，科学素质建设要担当更加重要的使命：提高全民科学素质服务高质量发展，能够为全面建设社会主义现代化强国提供基础支撑。只有提高全民科学素质，让广大群众用科学知识和科学精神武装头脑，确保广大人民群众普遍了解和认可科技发展与科技产品，才能有足够多的掌握新技术的劳动者、消费者和从业者建设创新型经济，形成更多新的增长点、增长极，科技创新成果才能不断发展进步，造福社会和大众。

科学发展环境是释放科技人才创造活力的社会生态环境。《科学素质纲要》提出，要"弘扬科学精神和科学家精神，传递科学的思想观念和行为方式……坚定创新自信，形成崇尚创新的社会氛围"。创新活动不可能发生在真空中，社会氛围直接影响着科技知识和成果的出现，也影响着科技知识的传播和科技成果的转化。没有良好的科学发展环境，就不可能形成崇尚科学、鼓励创新的创新发展土壤，难以推动全社会迈向高质量发展阶段。因而，必须将科学作为一种价值观在全社会传播推广，让科学成为绝大部分公众理性思维和行动的底层逻辑和自觉习惯，培育社会的科学氛围、创新文化和理性参与模式，为创新发展提供有力支撑。

科技创新效能是创新发展的成果输出体现。在2020年科学家座谈会上，习近平总书记谈及科技创新与高质量发展之间的联系:"加快科技创新是推动高质量发展的需要。建设现代化经济体系,推动质量变革、效率变革、动力变革,都需要强大科技支撑。"必须把创新驱动发展作为国家的优先战略,以科技创新为核心带动全面创新,以体制机制改革激发创新活力,以高效率的创新体系支撑高水平的创新型国家建设。

从经济协调的角度来看,科学素质质量、科学发展环境和科技创新效能之间的关系反映了经济发展过程中的要素发展情况。根据经济现代化理论,现代经济的增长是一个结构不断调整的过程,强有力的经济增长往往需要新的经济部门快速发展作为核心引擎。这要求不同部门之间建立通畅的资源和要素传导机制,以便经济结构不断演化。从传统经济增长模型来看,经济增长可以被抽象为要素投入的增加以及要素效率的提升,具体主要包括:第一,加大要素的投入或改变要素投入比例;第二,改变资源配置方式,对生产函数的形式改变或者加入新的变量;第三,改变全要素生产率,即强调劳动力和资本等之外其他要素(如技术创新)的贡献。

改革开放以来,我国经济经历了几十年的高速发展,要素投入日趋饱和,经济增速逐渐放缓,经济主要矛盾日益表现为结构性矛盾,第一种增长方式代表的传统依赖要素投入、投资驱动、规模扩张的粗放型经济增长模式,已不再适应经济持续健康发展的需求,改变资源配置方式和提升全要素生产率成为当前的必然选择。首先,必须优化资源配置,在既定的要素投入条件下提高资源配置效率。在高质量发展阶段,必须降低能源资源消耗强度,优化存量资源配置,扩大优质增量供给,增强产业之间的协同性,推动土地、资本、劳动力等自由、顺畅、高效地在不同产业部门间流动,不断提升要素配置效率,着力加快建设实体经济、科技创新、现代金融、人力资源协同发展的产业体系。其次,必须提高全要素生产率,全要素生产率反映在要素投入既定条件下的资源配置效率。生产要素可以分为初级要素和高级要素,前者包括简单劳动力、土地、自然资源、资本等,后者主要包括知识、信息、技术等。初级要素一般呈现边际收益递减特性,而高级要素则具有边际收益递增的特性。同时，初级要素往往是高级要素的功能载体，低级要素通过吸收高级要素推动要素升级。比如技术创新往往需要通过资本、人力等体现出来。提高全要素生产率，就是提高劳动力、资本、自然资源等的利用效率，形成经济持续增长和高质量发展的动力源泉，最终实现总量提高、效益提升、结构优化、发展可持续和发展成果共享。在高质量发展阶段，要聚焦高级要素的投入和发展，既要推动以高级要素为主驱动的现代经济大力发展，也要促进高级要素与传统经济的融合（如制造业数字化、智能化等），为经济发展制造新的增长点，不断提升要素质量，推动全要素生产率跃上新的台阶。

在优化资源配置和提高全要素生产率的过程中，科学素质质量体现为人力要素升级情况，科学发展环境反映整体尊重、崇尚、鼓励和配合创新型经济发展的社会环境要素，科技创新效能呈现知识要素的尖端发展与应用成果。科学素质质量衡量公民具备科学精神和科学思想、掌握基本科学方法、了解必要科技知识并能加以应用的能力和情况。从生产要素视角来看，提升公民科学素质意味着不断推进知识要素渗透进广大公民群体，促进劳动力人力资本水平提高。随着我国经济从高速增长阶段转向高质量发展阶段，必须提高人力要素质量，发挥好知识要素等高级要素在人力要素中的作用，深入挖掘人力资本而非单纯依靠投入简单劳动力要素驱动经济增长；扩大知识群体，推动劳动生产率提高与工资收入增长的良性互动，为经济结构优化升级提供坚实可靠的人才基础。科学发展环境是全社会科技创新发展与全民科学素质提升的底色和依托，是推动科学知识、技术与科学思维和科学精神传播的经济基础、社会氛围与文化背景，反映全社会知识要素的整体普及程度与文化市场的发展状况。只有让科学文化成为社会底色，才能产生健康的创新环境和学术生态，鼓励科学创新与技术创新，培养出大批尊重科学技术、能够熟练利用科学技术参与生产经营活动的劳动力，推动经济网络化、信息化、智能化发展，为科技自立自强厚植创新的沃土。科技创新效能是大力培育科学发展环境、提升全民科学素质成效的集中体现，能够发挥提高社会生产力、提升国际竞争力、增强综合国力、保障国家安全的战略支撑作用。在要素投入既定的前提条件下，科技创新能带来劳动力、资本、自然资源等利用效率和生产效率的提高，形成经济持续增长的动力源泉。

在上述理论阐释的基础上，接下来将分别对科学素质高质量发展指标体系的3个一级指标进一步展开论述，对二级指标进行拆分并操作化，以便应用到测量评估中。

（一）科学素质质量维度

科学素质质量是科学素质高质量发展指标体系中的根基和压舱石，是经济发展潜能中行动者的底座，也是实现创新发展和高质量发展的人力资源与社会基础。合理衡量和评估一个地区的公民科学素质质量，从科学素质视角评价该地区劳动者、生产者、经营者和消费者在经济高质量发展过程中的潜力和动能。

对科学素质质量维度进行二级指标拆分。中国公民科学素质调查通过受访者对科学素质相关问题的掌握情况判断其是不是"具有科学素质的公民"，受访者对于一系列科学知识题目进行作答，达到70分以上（满分为100分）则视为具有科学素质，测量一个地区具有科学素质的公民比例衡量该地区的科学素质总体水平。根据问卷调查结果获得31个省、自治区、直辖市（不包含港澳台）与各城市公民具有科学素质的比例。这种测量方式为评价我国不同地区的科学素质发展程度提供了直观、方便、易于跨时空对比的研究工具，但缺乏对于全体公民内部科学素质结构性差异以及动态变化的体现。

因此，在本次构建的科学素质高质量发展指标体系中，从科学素质水平、科学素质结构和科学素质增长3个方面综合反映区域科学素质质量。其中，科学素质水平体现某一时点区域内公民群体中具备科学素质的比例；科学素质结构通过对比区域内科学素质较低公民与科学素质较高公民的比例，衡量该地区公民内部的科学素质不平衡情况；科学素质增长则关注五年内地区公民科学素质增长情况。从科学素质的水平状况、结构平衡性和增长速度

3个方面，全面衡量公民科学素质的发展情况，构建科学素质高质量发展指标体系中具有支柱地位的科学素质质量维度。

（二）科学发展环境维度

科学发展环境与公民科学素质质量息息相关。在营造良好科学发展环境的过程中，科学素质建设是关键任务。只有大力弘扬科学精神、培养科学意识、树立科学思维，才能在全社会形成良好的文化基础，为创新发展提供良好的社会环境。科学素质建设是一项面向全民的工程，具有社会价值引领作用。在新一轮科技革命和信息革命的背景下，经济社会发展方式产生了深刻变化，知识的创造、传播、扩散、应用从未像今天这样以如此规模和速度发展，并使得科技创新发展和公民科学素质提升变得前所未有的重要。科学普及和公民科学素质的提升，一方面增强人民群众对于基本科学知识的了解和应用能力；另一方面将科学作为一种价值观在全社会传播推广，让科学成为绝大部分公众理性思维和行动的底层逻辑和自觉习惯，培育社会的科学氛围、创新文化和理性参与模式，为创新发展提供有力支撑。科学发展环境中既包括科学发展的经济支撑这样的"硬性环境"，又包括全民利用科普基础设施、理性参与公共事务等的"软性环境"。前者有赖于政府和社会的前期投入，是科学素质发展的前提条件，而后者则与公民科学素质相互作用、相辅相成。

既有研究已对科学素质与科学发展环境中科学社会环境相关指标之间的关系进行了分析，其中包括公民对科技信息类议题的关注程度、区域信息化水平、对科技发展议题的兴趣、理性判断信息的能力等。科学素质的提升增进公众对科技类新闻话题、科技发展信息的兴趣，提升公民运用理性甄别和核实信息的能力和运用理性指导自身行动的能力，促进社会组织和公民个人开展环保行动；区域科学素质质量与区域信息化水平、政府回应性和政府治理能力之间存在对应关系。整体来看，公民科学素质越高的地区，区域信息化水平越高，政府回应能力和治理能力、区域公民科学素质与公众社会参与之间也存在阶段对应关系。

对科学发展环境维度进行二级指标拆分。科学发展环境是科学素质高质量发展指标体系中的环境要素维度，是公民科学素质与科技创新活动发展的基础和宏观环境，是培养公民科学素质的经济、社会、文化基础，也是科技创新人才队伍培育、科技创新活动开展和科技创新成果推广的社会背景。科学发展环境维度划分为科学经济环境、科学文化环境和科学社会环境3个分项指标。其中，为突出科学经济环境的"科学"属性，同时避免与科学素质高质量发展指标体系所依托的上位指标体系（即高质量发展综合绩效评价指标体系）出现指标重复设置，我们采用区域内每万人口所对应的科学技术财政支出进行衡量。对科学文化环境指标，采用公共科普发展、公共教育发展、公共文化发展3个三级指标，对区域内科普基础设施的利用情况、各级学校师生比以及区域文化产业发展水平进行衡量。科学社会环境关注公民科学参与的积极性、专业性和社会数字化水平，以公共参与广泛度、社会治理专业度和社会环境数字化加以衡量。值得一提的是，"社会治理专业度"指标通过每万人口中合格社会工作师数量衡量，在该指标中由于援藏计划，我国各省区市向西藏派遣了大量社会工作人员和干部，使得西藏每万人口中合格社会工作师数量位居全国第一，且为第二名北京的两倍以上。鉴于这一异常数据难以准确衡量西藏社会治理专业度的真实情况，并很大程度上影响了各省得分和排序结果，我们采用除西藏以外全国其他30个省区市平均值作为西藏该指标的数据。

（三）科技创新效能维度

党的二十大报告指出，坚持创新在我国现代化建设全局中的核心地位。在国内外环境发生深刻变化、我国面临一系列新机遇新挑战的当下，科技创新的重要性被提高到前所未有的程度。必须把科技创新摆在国家发展全局的核心地位，把科技自立自强作为国家发展的战略支撑，这样才能解决好"卡脖子"问题，催生经济发展新动能，实现高质量发展，把发展的主动权牢牢掌握在自己手中。

创新驱动理论和区域创新系统理论都强调了以知识要素为表征的科学素

质质量与科技创新效能之间的关系，既有研究也通过实证分析充分检验了科学素质对科技创新效能的正向影响。研究认为区域科学素质与科技创新效能存在显著正向关系，公民科学素质提升有助于推动地区高新技术产业发展和单位人口专利数量增长。科学素质与高新技术产业营业额对数、高新技术产业利润对数、高新技术产业从业人员比重、每万人高新技术企业数量、发明专利所占比重之间存在显著线性关系，进一步呈现了科学素质与科技创新效能之间的显著关联。在本书的前述研究中，2020年各省科学素质水平与高新技术产业从业人员比重、人均高新技术产业营业额、万人发明专利申请数、数字生态指数的分析结果，再次验证了科学素质对于地区科技创新效能主要指标的显著正向影响。

对科技创新效能维度进行二级指标拆分。为有效评估科技创新效能，我们采用了研究队伍建设、创新发明效率、科学研究成果3个二级指标。为此，科学素质高质量发展指标体系强调从"人的要素"视角出发，观察与评估区域科技创新能力建设与成果，以及科技创新系统产出端的集中体现。在科技创新效能的3个二级指标（研究队伍建设、创新发明效率和科学研究成果）中，研究队伍建设通过衡量区域研究人员数量占区域人口比重和研究人员人均研发经费，评估区域研究队伍建设情况和研究队伍可支配资源水平；创新发明效率关注区域内单位人口的发明专利授权数量，以及专利成果中发明专利的比重；科学研究成果通过区域内每万人SCI论文数量衡量区域科技理论研究情况。

四 科学素质高质量发展指数的构建与测度

（一）科学素质高质量发展指标体系

根据上述科学素质高质量发展指标体系的结构框架，对科学素质质量、科学发展环境和科技创新效能3个一级指标进行阐释并拆分二级指标，在此基础上构建科学素质高质量发展指标体系如表3-1所示。

表 3-1　科学素质高质量发展指标体系

一级指标	二级指标	三级指标	指标释义	指标测算
科学素质质量	科学素质水平	公民科学素质比例	具有科学素质的公民比例	具有科学素质的公民比例
	科学素质结构	科学素质结构异质度	低分位科学素质得分与高分位科学素质得分分比	25分位科学素质得分/75分位科学素质得分
	科学素质增长	科学素质增长速度	2015~2020年各地科学素质增长绝对速度	2015~2020年各地科学素质增长之和/5年
科学发展环境	科学经济环境	科技经济支撑	每万人科学技术财政支出	科学技术财政支出/人口数量
	科学文化环境	公共科普发展	图书馆公共图书流通情况	图书馆公共图书流通人次/人口数量
		公共教育发展	人均科技馆参观次数	科技馆参观人次/人口数量
			师生比	各级类学校专任教师数/在校学生数
		公共文化发展	人均文化产业增加值	文化产业增加值/人口数量
			每万人文化企业数量	文化企业数量/人口数量
	科学社会环境	公共参与广泛度	每万人志愿者人数	登记志愿者数量/人口数量
		社会治理专业度	每万人社会工作师人数	合格社会工作师数量/人口数量
		社会环境数字化	数字生态指数	数字生态指数下一级指标数字基础
科技创新效能	研究队伍建设	研究人员占就业人员比重	研究人员占就业人员比重	R&D人员全时当量/就业人员
		研究人员人均经费	研究人员人均经费	R&D经费支出/R&D人员全时当量
	创新发明效率	每万人发明专利数量	每万人发明专利数量	发明专利授权数量/人口数量
		发明专利占比	发明专利占比	发明专利授权数量/专利授权数量
	科学研究成果	学术论文成果	每万人SCI论文数量	年度SCI论文发表数量/人口数量

（二）科学素质高质量发展指标体系赋权方式和数据来源

科学素质高质量发展指标体系围绕科学素质，综合衡量我国各地区发展水平，通过指标计算对各地区综合发展状况进行排序。我们利用多指标综合评价方法，建立科学素质高质量发展指标体系。通过对每个二级指标进行计算、归一化与赋权，获得全国31个省、自治区、直辖市（不含港澳台）的科学素质高质量发展得分，以及每个一级指标、二级指标的单项得分。科学素质高质量发展指标体系中各指标的数据主要来自2020年中国公民科学素质调查数据、国家统计局和各地方统计局公开发行的统计年鉴、民政部志愿服务官方网站中国志愿服务网，以及北京大学大数据分析与应用技术国家工程实验室联合多家单位发布的《数字生态指数2021》中的"数字基础"指标数据。

1.科学素质高质量发展指标体系权重分配与无量纲化

为消除量纲，课题组采用归一化（min-max normalization）方法对数据进行处理，对原始数据进行线性变换，按比例缩放使结果落到[0, 1]区间内。由于各指标均为正向指标，归一化公式如下：

$$X_{ij} = \frac{x_{ij} - x_{ij\min}}{x_{ij\max} - x_{ij\min}}$$

其中，i为省份，j为测度指标，x_{ij}和X_{ij}分别为原始和归一化之后的第i个省份中第j个指标的数据，$x_{ij\max}$、$x_{ij\min}$分别表示x_{ij}的最大值和最小值。

在消除量纲并确保各项指标方向性一致后，对指标体系进行权重分配。指标体系的建设过程中，综合加权、确定各项指标的权重是关键环节之一。权重的合理性、准确性直接影响评价结果的可靠性。通常，在对评价指标体系进行权重分配时需要考虑指标变异程度、指标独立性和评价者的主观偏好。用于确定权重系数的方法主要可分为主观赋权法和客观赋权法，以及在这二者基础上组合产生的组合赋权法。常见的主观赋权法包括专家评判法（又称专家咨询法）、层次分析法等；客观赋权法主要包括变异系数法、熵

第三章 构建公民科学素质高质量发展指数

值法、主成分分析法等，组合赋权法目前主要包括乘法合成法、加法合成法等。

科学素质高质量发展指标体系围绕科学素质，综合衡量我国各地区发展水平，通过指标计算对各地区综合发展状况进行排序。我们利用多指标综合评价方法建立了科学素质高质量发展指标体系。在指标体系中，3个一级指标等权，各二级指标等权，各二级指标下三级指标等权。计算全国各省份科学素质高质量发展指数。为明确指标构建的合理性，课题组同时使用了基于评价指标冲突性和指标间对比强度确定权重的客观赋权方法 CRITIC 法，对指标体系内各指标间权重进行计算，并根据该方法对各省份科学素质高质量发展指数进行排序，其结果与等权方法大体一致，在一定程度上佐证了指标体系的客观性和稳定性。由于 CRITIC 赋权法对数据本身高度依赖，难以为指标体系确定长期使用的固定权重，因而仅将该方法作为支撑指标体系可靠性的参考，最终仍采用等权方式进行指标计算。

科学素质高质量发展指标体系中各指标数据来自 2020 年中国公民科学素质调查数据，以及国家统计局、各地方统计局公开发行的统计年鉴和民政部志愿服务官方网站中国志愿服务网。绝大部分指标数据为 2020 年数据。而图书馆公共图书流通情况、人均科技馆参观次数、人均文化产业增加值 3 项指标选取 2019 年数据，这主要是因为 2020 年部分地区受新冠疫情影响，相关指标出现较大波动，故采用更能反映相应地区常态的 2019 年数据。每万人志愿者人数来自中国志愿服务网，由于该网站数据为实时统计数据，笔者截取数据时间为 2022 年初，并且统计数据颗粒度为百万级，短期内变动较小，因而将该数据近似视为 2021 年数据。

科学素质质量指标下的 3 个二级指标科学素质水平、科学素质结构、科学素质增长，数据均来自 2020 年中国公民科学素质调查数据。

科技创新效能指标包含 3 个二级指标：研究队伍建设、创新发明效率、科学研究成果，研究队伍建设采用研究人员占就业人员比重和研究人员人均经费衡量，其中使用的研究人员、研究经费数据来自《中国第三产业统计年鉴2021》，就业人口数量来自各省 2021 年统计年鉴。创新发明效率使用每万人发明专利数量以及发明专利占比衡量，所使用人口数据来自《中国统计年鉴 2021》，专利和发明专利数据来自《中国科技统计年鉴 2021》。科学研究成果使用每万人 SCI 论文数量衡量，SCI 论文数量来自《中国统计年鉴 2021》。

科学发展环境维度包含 3 个二级指标和 7 个三级指标，二级指标分别为科学经济环境、科学文化环境和科学社会环境。科学经济环境采用区域内每万人科学技术财政支出衡量，数据来自《中国统计年鉴 2021》。科学文化环境指标包括公共科普发展、公共教育发展、公共文化发展 3 个三级指标。公共科普发展采用图书馆公共图书流通情况、人均科技馆参观次数衡量，根据《中国文化及相关产业统计年鉴 2020》中相关数据计算。公共教育发展使用师生比衡量，老师和学生数量均来自《中国第三产业统计年鉴 2021》。公共文化发展采用人均文化产业增加值和每万人文化企业数量衡量，数据来自《中国第三产业统计年鉴 2020》。科学社会环境包括公共参与广泛度、社会治理专业度、社会环境数字化 3 个三级指标。公共参与广泛度使用每万人志愿者人数衡量，数据来自中国志愿服务网。社会治理专业度使用每万人社会工作师人数衡量，数据来自《中国社会统计年鉴 2021》。社会环境数字化使用数字生态指数中的数字基础指标衡量，数据来自北京大学大数据分析与应用技术国家工程实验室联合多家单位发布的《数字生态指数 2021》。

第四章
省域科学素质高质量发展的状况与类型

根据科学素质高质量发展指标体系及测算方法，得到我国31个省、自治区、直辖市（不包含港澳台）的科学素质高质量发展指数，以及科学素质质量、科学发展环境、科技创新效能三个维度的分项指数（见表4-1）。

一 省域科学素质高质量发展的主要类型

总体来看，省域科学素质高质量发展指数呈现京沪引领，东中西部地区依次递减，长江经济带省份崛起的态势（见图4-1）。

为更好地归纳分析各省份科学素质高质量发展水平，使用聚类分析方法对31个省份科学素质高质量发展状况进行分类。聚类分析是根据聚类规则比较各事物之间的性质，将具有相同或相似特征的归为一类，将性质差别较大的归入不同类。聚类的主要步骤为：首先，随机输入由一定数据对象组成的数据集，根据聚类要求对数据集进行特征规范化和降低维数等处理。其次，进行特征选取，选择最有效的特征并进行一定变换，得到最能满足聚类要求的特征。再次，选择恰当的相似性度量函数，对输入数据集中的对象之间相互关联性进行度量，其中相似性度量是表征两个特征向量相似度的一种度量方式。最后，对数据对象完成聚类后，根据特定评价标准比较聚类结果，进行有效评估。

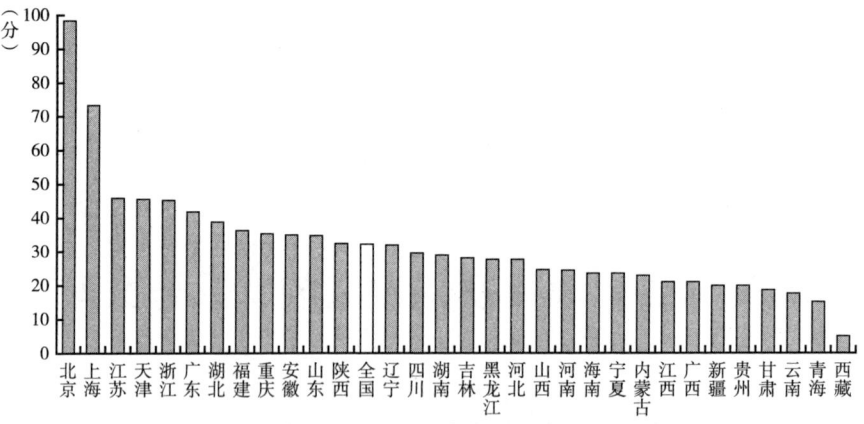

图 4-1 全国和各省份科学素质高质量发展指数

聚类分析主要包括基于层次的聚类、基于划分的聚类、基于密度的聚类、基于网格的聚类、基于模型的聚类等多种聚类算法类型。本研究采用划分方法中比较经典的聚类算法 K-means 聚类，这是一种适用于大样本聚类分析的快速聚类算法，首先，指定需要划分的簇的个数 K 值，随机选取 K 个数据对象作为初始中心；其次，计算每一个数据对象与 K 个中心的距离，根据最邻近原则将其归入距离最小的中心所在的簇；最后，在所有数据对象归类完毕后，重新计算 K 个簇的中心并与之前的进行比较，重复这一过程直至聚类采用的准则函数收敛。本研究使用科学素质质量、科学发展环境和科技创新效能 3 个一级指标作为聚类分析依据，设定分为 4 个簇（即取 K=4），首先将观测值 1、1+k、1+2k…分配至第一组，2、2+k、2+2k…分配至第二组……从而形成 4 个群，将各组平均值作为初始群中心，以欧氏距离为相似性度量进行 K-means 聚类分析，最终将 31 个省级行政区划单位划分为五类。

北京、上海科学素质高质量发展指数分别为 98.43 分和 73.36 分，分列全国第一、第二位，其各分项指数均位于前列，具有卓越引领的发展特征。东部沿海省份江苏、天津、浙江、广东分列全国第 3 至 6 位，其分项指数呈现高质量均衡的发展特征。湖北、福建、重庆、安徽、山东、陕西、辽宁 7 个省份构成高质量发展的中间地带，部分分项指数领先于总体排名，呈现跃升发展的特征。四川、湖南、吉林、黑龙江、河北、山西、河南、海南、宁夏、内蒙古、江西、广西、新疆13个省份呈现动能转换的发展特征，近年来逐步改变依托庞大劳动力资源或自然资源的粗放型发展方式，处于发展结构调整期。贵州、甘肃、云南、青海和西藏在除科学文化环境之外的分项指标中均排名靠后，由于经济社会发达地区的帮扶政策等，科学文化环境分项得分稍高，呈现较为明显的内生发展动能不足的结构调整特征。

表4-1 2020年各省份科学素质高质量发展指数及分项指数

单位：分

排名	梯队划分	省份	总指数	科学素质质量	科学发展环境	科技创新效能
1	卓越引领型	北京	98.43	99.60	96.27	99.42
2		上海	73.36	89.89	77.20	52.99
3	高质量均衡型	江苏	45.82	70.48	41.86	25.12
4		天津	45.43	66.26	39.13	30.90
5		浙江	45.24	64.50	49.40	21.80
6		广东	41.74	69.88	35.77	19.58
7	跃升发展型	湖北	38.94	67.39	25.62	23.81
8		福建	36.31	65.15	28.08	15.70
9		重庆	35.46	61.61	24.30	20.47
10		安徽	34.95	58.05	26.85	19.96
11		山东	34.46	59.34	25.75	18.31
12		陕西	32.45	54.78	14.31	28.27
13		辽宁	31.97	57.19	19.22	19.50
14	动能转换型	四川	29.68	52.05	17.17	19.82
15		湖南	28.87	53.81	13.26	19.54
16		吉林	27.93	49.79	18.11	15.91
17		黑龙江	27.78	50.79	16.94	15.60
18		河北	27.58	58.13	12.44	12.17
19		山西	24.83	46.71	17.16	10.63
20		河南	24.40	48.07	14.25	10.86
21		海南	23.64	46.22	16.17	8.54
22		宁夏	23.45	36.90	20.47	12.98
23		内蒙古	23.04	39.28	16.18	13.66
24		江西	21.11	39.06	17.22	7.05
25		广西	21.03	40.85	14.46	7.78
26		新疆	20.10	42.22	10.38	7.69

续表

排名	梯队划分	省　份	总指数	科学素质质量	科学发展环境	科技创新效能
27	结构调整型	贵　州	19.85	34.08	19.09	6.38
28		甘　肃	18.92	34.63	13.10	9.03
29		云　南	17.70	34.80	9.94	8.34
30		青　海	15.20	26.21	9.30	10.09
31		西　藏	5.05	4.12	10.95	0.07

根据科学素质高质量发展指数得分，全国31个省级行政区划单位可划分为5个梯队。

北京、上海为第一梯队（得分70分以上）；江苏、天津、浙江、广东为第二梯队（得分在40~50分）；湖北、福建、重庆、安徽、山东、陕西、辽宁为第三梯队（得分在30~40分）；四川、湖南、吉林、黑龙江、河北、山西、河南、海南、宁夏、内蒙古、江西、广西、新疆为第四梯队（得分在20~30分）；贵州、甘肃、云南、青海、西藏为第五梯队（得分在20分以下）。

卓越引领型的北京、上海，在科学素质质量、科学发展环境和科技创新效能3个方面均居于全国第一、第二位，两地具有卓越引领的发展特征，经济发达，创新驱动能力强，以知识经济为主要特征，以生产性服务业为主导，公民意识和参与意愿双高，对科学素质高质量发展形成全方位支撑。得益于国家层面的创新和科学文化资源加持，北京的科技创新效能和科学发展环境得分大幅高于上海，而北京作为我国科学、文化中心，汇集大量顶尖高校和科研院所，人才资源丰富，在科技研发方面遥遥领先。上海作为经济中心，定位与北京有所区别，尽管教育和科研资源在全国范围内具有领先优势，但在打造科学发展环境和尖端科技创新能力等方面，与北京仍存在一定差距。

高质量均衡型的江苏、天津、浙江、广东4个省份各分项指数均处于全国前列，呈现高质量均衡的发展特征。这4个省份凭借区位优势与丰富的教育资源，培养和吸引了大批优秀人才与高素质劳动力，紧随北京、上海两大政治经济核心城市之后，成为我国重要的区域性乃至国家级创新驱动发展中心。江苏、天津科学素质服务高质量发展各有所长，江苏是我国首个创新型省份建设试点，在全国创新大局中占据重要地位，其科学素质质量和科学发展环境指标得分均居于全国前列。天津各分项指数排序均衡，科技创新效能位居全国第3，较好地支撑了当地经济高质量发展，限于科学素质结构和科学素质增长分别位列全国第12和第16，折射出人才队伍建设缺乏后劲、以人力资源为依托的创新资源发展相对不足等情况。浙江省致力于建设高水平创新型省份和科技强省，注重科技科普双轮驱动，科学发展环境有明显优势，科技创新效能中创新发明效率较高，但研究队伍建设和科学研究成果方面需进一步加强。广东近年来加快落实产业结构优化升级，形成根植性和竞争力强的高技术制造业产业集群，在科学素质质量、科技发展环境、科技创新效能3个方面均体现出相对发展优势。

跃升发展型的湖北、福建、重庆、安徽、山东、陕西、辽宁7个省份构成高质量发展的中坚力量，在科学素质质量和科学发展环境方面均具有较强的实力，但在科技创新效能方面存在一定差异。陕西、湖北、重庆、安徽4省在研究队伍建设、创新发明效率、科学研究成果方面呈现较高水平，近年来充分运用后发优势，在高新技术产业和战略性新兴产业方面跨越发展。辽宁、山东、福建在创新发明效率和科学研究成果方面得分略有差距，依托传统工业优势，在创新升级方面具有一定优势。

动能转换型的四川、湖南、吉林、黑龙江、河北、山西、河南、海南、宁夏、内蒙古、江西、广西、新疆13个省份，在一系列国家战略支持下，呈现较好的发展势头。湖南、河北、四川、江西近年来科学素质增长较快，江西、宁夏、海南在科学发展环境中的科学经济环境这一分项指标得分较高，吉林、黑龙江、山西、内蒙古具有良好的科学文化环境基础，四川、湖南、吉林、内蒙古、宁夏、海南在科技创新效能方面表现相对较好，其中四川在研究队伍建设方面位列全国第6，吉林在创新发明效率、科学研究成果方面位列全国第7和第6，河北、河南的科学素质增长较快，科技创新效能表现相对较好。湖南、内蒙古、河南、广西在科学发展环境的部分分项指标中得分较低，如湖南科学社会环境指标仅位列全国第29，表现出明显的创新发展潜力较好，但创新环境建设滞后等"软件"方面的问题。

结构调整型的贵州、甘肃、云南、青海、西藏5个省份面临结构调整的问题，各项指标排序相对靠后。其中青海、西藏的人口密度分别为我国第30和第31位，海拔较高，地广人稀，不适合现代集约化生产和产业链发展。甘肃、云南、贵州在科学发展环境、科技创新效能方面有一定的基础，且近年来甘肃在科技理论研究、贵州在数字经济方面有所突破，但存在战略性新兴产业和高新技术产业规模偏小，不足以支撑经济发展方式转型等问题，仍需进一步夯实基础。

二 分项指标的排序与分析

下文分别对科学素质质量、科学发展环境、科技创新效能3个分项指标进行排序和分析。

（一）科学素质质量指标分省分析

在一级指标"科学素质质量"中，包含科学素质水平、科学素质结构和科学素质增长3个二级指标。根据科学素质质量指数，将全国31个省级行政区划单位划分为4个梯队（见图4-2）。第一梯队仅有北京和上海两个直辖市（得分均在80分以上）。作为我国最重要的两个城市，北京和上海是我国科学技术和科学文化发展的核心地带，在科学素质发展程度上遥遥领先。

江苏、广东、湖北、天津、福建、浙江、重庆7个省份位列第二梯队（得分在60~80分），除湖北、重庆以外均为东部省份。整体来看，我国公民科学素质质量仍呈现东部高于中西部的情况。以江苏、广东、天津、福建、浙江为代表的东部沿海省份凭借区位优势与丰富的教育资源，培养和吸

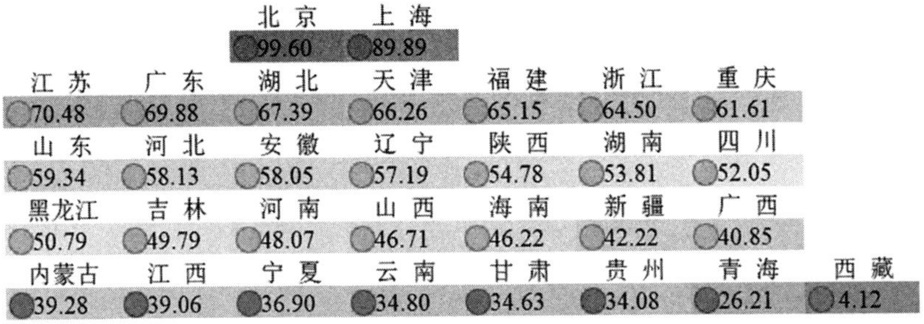

第四章 省域科学素质高质量发展的状况与类型

		北京	上海			
		99.60	89.89			
江苏	广东	湖北	天津	福建	浙江	重庆
70.48	69.88	67.39	66.26	65.15	64.50	61.61
山东	河北	安徽	辽宁	陕西	湖南	四川
59.34	58.13	58.05	57.19	54.78	53.81	52.05
黑龙江	吉林	河南	山西	海南	新疆	广西
50.79	49.79	48.07	46.71	46.22	42.22	40.85
内蒙古	江西	宁夏	云南	甘肃	贵州	青海	西藏
39.28	39.06	36.90	34.80	34.63	34.08	26.21	4.12

图 4-2 科学素质质量指标得分

引了大批优秀人才与高素质劳动力，公民科学素质发展紧随北京、上海两大城市之后。中西部省份科学素质与东部地区一直存在较大差距，但近年来随着中西部高等教育振兴计划等一系列新时代西部开发战略的实施，中西部地区许多省份公民科学素质有了显著提升，特别是长江经济带沿线部分省份，如湖北、重庆等省份科学素质增长明显。

山东、河北、安徽、辽宁、陕西、湖南、四川、黑龙江、吉林、河南、山西、海南、新疆、广西14个省份居于第三梯队（得分在40~60分）。其中，山东、安徽、辽宁、陕西、山西在科学素质水平、科学素质结构和科学素质增长3个方面表现均衡，各项指标间排序差异较小，科学素质发展稳定、结构较为均衡，但同时存在缺乏突出增长动能优势、科学素质难以实现突破和弯道超车等问题。河北、吉林、黑龙江、海南、新疆、广西的科学素质质量呈现"省内公民科学素质发展较为平衡，但水平较低、增长滞后"的现象。湖南、四川、河南等省份科学素质发展水平处于全国中游，增速位居全国前列，但在科学素质结构方面排在全国靠后位置，呈现科学素质加速发展，但区域内部科学素质发展不均衡的特征。

内蒙古、江西、宁夏、云南、甘肃、贵州、青海、西藏位列第四梯队（得分在40分以下）。第四梯队省份绝大多数为西部地区，科学素质发展基础薄弱，缺乏高质量科普教育资源，科学素质发展呈现"水平低、不均衡、增速低"3个方面均落后的特征。

从上述结果可以看出，我国各省份之间存在较为明显的科学素质质量发展不平衡状况。特别是在第四梯队中，各省份在科学素质质量方面与其他梯队省份存在明显差距。

（二）科学发展环境指标分省分析

在一级指标"科学发展环境"中，包含科学经济环境、科学文化环境、科学社会环境3个二级指标。综合3个二级指标，对我国31个省份（不包含港澳台）的"科学发展环境"指标得分进行计算，结果如图4-3所示。

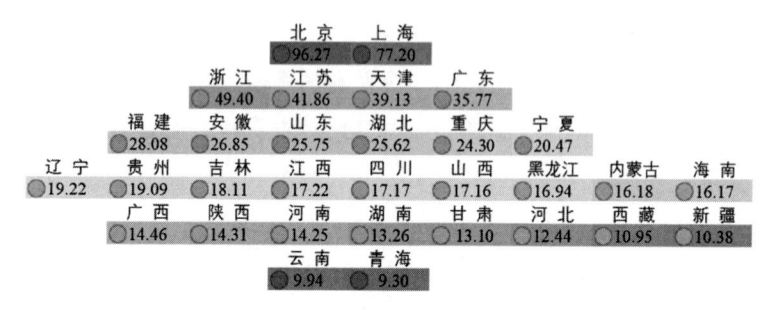

北京	上海				
96.27	77.20				
浙江	江苏	天津	广东		
49.40	41.86	39.13	35.77		
福建	安徽	山东	湖北	重庆	宁夏
28.08	26.85	25.75	25.62	24.30	20.47
辽宁	贵州	吉林	江西	四川	山西	黑龙江	内蒙古	海南
19.22	19.09	18.11	17.17	17.16	16.94	16.18	16.17
广西	陕西	河南	湖南	甘肃	河北	西藏	新疆
14.46	14.31	14.25	13.26	13.10	12.44	10.95	10.38
云南	青海				
9.94	9.30				

图 4-3 科学发展环境指标得分

第一梯队的北京、上海（得分70分以上），指数得分大幅高于其他省份，但北京和上海之间也存在一定差距。在科学发展环境维度的3个二级指标中，北京均位居第一，上海均位列第二，而在科学文化环境和科学社会环境中，北京得分分别为89.69分和82.15分，而上海分别为63.94分和68.68分，与北京差距明显。

浙江、江苏、天津、广东、福建、安徽、湖北、山东、重庆、宁夏10个省份为第二梯队（得分在20~50分）。这些省份在经济发展和公民素质建设方面相对发达，在科学发展环境建设中也表现较好，由于数据标准化客观反映原始数据的真实差异，从得分来看，第一、第二梯队各省得分的差异明显，体现出经济、科技、文化、社会环境资源的高度聚集性，以及超大型引领型城市的虹吸效应。从另一个角度来看，第二梯队除天津、重庆外，其他地区均为省，具有人口和产业规模优势，能够走出区别于顶尖城市的高质量发展道路，而重庆从人口和面积来看，其规模不亚于省，并且作为西部主要的经济中心，具有区域发展优势。天津作为直辖市，辐射范围与北京高度重叠，在科技资源供给与自身定位和发展方面存在一定瓶颈。

辽宁、贵州、吉林、江西、四川、山西、黑龙江、内蒙古、海南、广西、陕西、河南、湖南、甘肃、河北、西藏、新疆17个省份为第三梯队（得分在10~20分）。这些地区科学发展环境建设水平处在全国中游，并且发展差距较小，发展水平高度近似。第三梯队以中西部地区为主，也包含东北三省，大多数省份在科学发展环境中缺乏优势，吸引力和软实力相对较弱，改革开放以来长期处于科学环境稳定发展但缺乏突破的局面中，难以实现对第一、第二梯队的赶超。值得一提的是，西藏、贵州等西部省份由于人口较少，近年来注重科技投入，在每万人科学技术财政支出方面位居全国前列，同时受人才转移、对口援助等机制的影响，在每万人志愿者、社会工作师人数方面具有相对优势，因此在科学发展环境指标中排名相对靠前。

云南、青海两省位于第四梯队（得分在10分以下）。这三个西部地区由于地理位置和条件、发展基础等因素，在科学发展环境方面排名靠后。

（三）科技创新效能指标分省分析

在一级指标"科技创新效能"中，包含研究队伍建设、创新发明效率、科学研究成果3个二级指标。综合3个二级指标，对我国31个省区市（不包含港澳台）的"科技创新效能"指标得分进行计算，结果如图4-4所示。

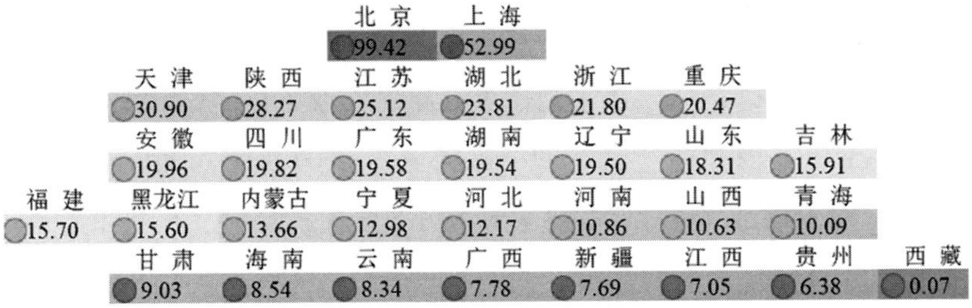

		北京	上海		
		99.42	52.99		
天津	陕西	江苏	湖北	浙江	重庆
30.90	28.27	25.12	23.81	21.80	20.47
安徽	四川	广东	湖南	辽宁	山东	吉林
19.96	19.82	19.58	19.54	19.50	18.31	15.91
福建	黑龙江	内蒙古	宁夏	河北	河南	山西	青海
15.70	15.60	13.66	12.98	12.17	10.86	10.63	10.09
甘肃	海南	云南	广西	新疆	江西	贵州	西藏
9.03	8.54	8.34	7.78	7.69	7.05	6.38	0.07

图4-4 科技创新效能指标得分

根据科技创新效能指数,将全国31个省级行政区划单位划分为4个梯队。北京、上海为第一梯队(得分在50分以上),但两市之间存在一定差距。在二级指标"创新发明效率"和"科学研究成果"中,北京得分均为100分,而上海得分分别为34.26分和46.54分。这主要是由于北京作为我国科研和学术中心,汇集大量顶尖高校和科研院所,人才基础雄厚,在科技研发方面遥遥领先。上海作为经济中心,定位与北京有所区别,尽管教育和科研资源在全国范围内具有领先优势,但在科技创新效能方面和北京仍存在一定差距。

天津、陕西、江苏、湖北、浙江、重庆为第二梯队(得分在20~40分)。第二梯队与第一梯队得分相差较大,这主要是由于北京、上海两地作为我国各项科研资源集中的引领型城市,积累了其他省份难以媲美的经费、设施、人才优势。尽管如此,第二梯队各省份依然汇聚了大量创新人才与具有较高创新能力的学术单位、研发机构和企业。并且,第二梯队除天津以外,人口均相对较多(重庆虽然是直辖市,但人口和土地规模也较大),拥有区域性高新技术产业集群以及大规模具有较高素质的劳动力队伍,在创新成果落地转化方面具有相对优势。而天津作为直辖市,近年来由于重工业和港口相对衰落,加上与北京辐射范围高度重叠,整体来看在创新能力方面处在相对下滑趋势。在三级指标每万人发明专利数量中,2020年天津以每万人拥有3.8件发明专利在全国排名第6,尽管仍处在全国前列,但作为人口基数较小的直辖市,在该指标上落后于浙江、广东、江苏等人口数量较大的省份,侧面反映出天津创新动能不足、创新成果有限的局面。在第二梯队中值得一提的是陕西,该省近年来坚持以创新谋发展,持续提升创新投入和创新成果产出,在各省排序中位次也不断提高,成为我国西部的关键创新高地。在"发明专利占比""学术论文成果""每万人发明专利数量"等三级指标中分列第2、第4和第8位,居于我国前列,体现出陕西近年来大力推动科技创新、力图实现弯道超车的良好成绩。与之相似,湖北在"研究人员人均经费""发明专利占比""学术论文成果"各项指标中均排名全国第7,近年来科技创新事业发展迅速,使其不断向着我国中部和长江经济带腹地科技创新中心的方向前进。

安徽、四川、广东、湖南、辽宁、山东、吉林、福建、黑龙江、内蒙古、宁夏、河北、河南、山西、青海为第三梯队（得分在10~20分）。第三梯队集中了全国大多数省份，各地在科技创新效能方面差异相对较小，在三级指标中排序相差不大，科研投入与科研产出排名大体相当，处于平稳均衡的创新能力发展状况，但大多数省份缺乏科技创新突破点，长期发展潜力有所不足。值得关注的省份包括广东、福建等。广东在二级指标研究队伍建设、创新发明效率、科学研究成果方面排名较为均衡，分列全国第11、第11、第12位。但相较于广东雄厚的经济实力来说，其在科技创新效能方面的发展相对滞后。具体到三级指标来看，尽管在"每万人发明专利数量"（第4位）、"研究人员占就业人员比重"（第6位）等指标中排名靠前，但在"学术论文成果"（第12位）、"发明专利占比"（第16位）、"研究人员人均经费"（第24位）等指标中广东的表现均与其经济发达程度不相适应。从这些指标的差异也不难看出，广东在科技创新效能中表现出较为明显的市场导向特征，其创新发展主要依托强大的经济支撑，在落实市场主体方面表现突出，但政府提供的支持相对不足，这也使得学术研究、理论研究存在相对滞后的问题。福建一定程度上与之相似，在研究队伍建设方面位列全国第13，在创新发明效率和科学研究成果两项指标中仅分列第20位和第17位。作为东南沿海经济较发达省份，福建的教育资源和科研资源与其经济地位存在一定差距，高水平大学和科研机构较少，承接国家重大项目较少，科技创新成果相对不足。与广东、福建相反，黑龙江在"研究人员人均经费""科研人员占就业人员比重"两个三级指标中分列第25位和第22位，但在"学术论文成果"和"发明专利占比"指标中分列第9位和第6位，呈现较为罕见的科研投入指标排序低于科研成果指标的特殊现象。黑龙江在科研投入和人才方面的相对匮乏主要是气候因素与老东北工业基地衰落造成的经济发展困难和人才外流问题，但作为我国重工业和国防工业布局的重省，早年建设的一大批优秀高校和国防科技企业至今贡献了大批科技创新成果，在许多国家重大科技专项工程中承担了重要任务，这使得黑龙江在我国创新能力建设方面依旧保留了不可或缺的战略性地位。但长期滞后的经济发展水平和科技投入如果不能得到提升,将进一步阻滞黑龙江等省份的创新能力建设。

甘肃、海南、云南、广西、新疆、江西、贵州、西藏为第四梯队(得分在10分以下)。第四梯队各省份整体表现出"科研投入少、科研人才少、科研成果少"的特征,创新资源和成果远远落后于其他省份。第四梯队省份的区位条件存在先天劣势,自然环境不利于现代经济发展,教育资源较为匮乏,难以摆脱复杂的自然和社会环境造成的经济不利地位,在各项创新指标中排名靠后。

总体来看,北京和上海科技创新效能过于集中并大幅领先于其他省份,第一、第二梯队之间和第一梯队内部存在明显差距,第三、第四梯队各省得分较低,在科技创新领域较为滞后。这反映出我国科技创新存在明显的地域集中性和科研资源分配的不平衡现象。科技创新投入、资源和成果主要集中在少数几个省份,其他省份科技创新存在较大差距。

三 与其他高质量发展指数的比较分析

为进一步验证科学素质高质量发展指数的客观性与合理性,我们采用文献研究法寻找并确立具有相似结构的高质量发展指数进行验证。在中国知网以"高质量发展"为主题进行筛选,并将发表时间限定在2019~2021年,这是为了避免测量时间差异过大对各省排序结果造成太大影响。并且为确保研究质量,将备选文献来源控制在中文社会科学引文索引期刊范围内。共获得81篇期刊文章,对这些文献进行分析筛选,我们选择其中以"创新、协调、绿色、开放、共享"五大维度为核心构建指标体系、以省级行政单位为测量单元、计算高质量发展指数和作为二级指标的创新发展指数并据此对各省进行排序的文献,最终选择刘会武等构建的高质量发展指数和本研究的科学素质高质量发展指数进行比较分析。

我们将高质量发展指数中的创新发展指数与本章构建的科学素质高质量发展指数进行比较分析。结果发现,在科学素质高质量发展指数与创新发展指数之间，大多数省份排序一致性较高，部分省份排序存在差异。其中，湖北、陕西、吉林在科学素质高质量发展指数中的排序远高于在区域高质量发展指数和创新发展指数中的排序，反映出这些省份在前沿创新领域具有跨越式发展特征，尖端创新研究排序高于经济整体结构中要素生产率排序，表明科学素质高质量发展指数在区域科技创新发展"软实力"方面具有较强的前瞻性。江西、广西、新疆、贵州的科学素质高质量发展指数排序，低于这些省份在创新发展指数中的排序。相较而言，这些省份各项创新要素相对均衡，但在科学素质发展方面略有滞后，创新发展的可持续性有待进一步加强。

总的来看，科学素质高质量发展指数具有如下特征和价值：第一，该指数和高质量发展指数中的创新发展指数具有较高的一致性，能够成为评价各地区高质量发展较为可靠的重要指标；第二，该指数能够敏锐发现前沿创新领域的区域差异，与高质量发展指数的差异性排序反映出相应地区的结构特征与发展潜力，为区域创新发展提供了具有补充意义的信息；第三，该指数在关注区域发展中前沿创新要素的同时关注区域整体社会性创新潜能，提供创新发展中的公民视角。

四 小结

通过构建科学素质高质量发展指标体系，对各地科学素质发展及其关联的科学发展环境和科技创新效能开展评价，解析各地高质量发展的进程及特征，回应《科学素质纲要》提出的以提高全民科学素质服务高质量发展为目标，以科学素质高质量发展推动经济社会高质量发展的时代命题。在深入剖析科学素质与高质量发展内涵和路径关系的基础上，从科学素质质量、科学发展环境、科技创新效能3个维度构建了科学素质高质量发展指标体系，利用2020年中国公民科学素质调查和相关数据分析了各地科学素质助力高质量发展的状况。

分析结果表明：在高质量发展的各个阶段，公民科学素质助力高质量发展呈现不同类型。总结划分为五类：第一类是卓越引领型，如北京、上海；第二类是高质量均衡型，如江苏、天津、浙江和广东；第三类是跃升发展型，如湖北、福建、重庆、安徽、山东、陕西、辽宁等；第四类是动能转换型，如四川、湖南、吉林、黑龙江、河北、山西、河南、海南、宁夏、内蒙古、江西、广西、新疆等；第五类是结构调整型，如贵州、甘肃、云南、青海、西藏等。值得关注的是，这套指标体系不仅反映了传统意义上发展较好省份的优势，对于处在不同阶段的省份也能够反映其高质量发展的阶段特征及方向。例如，湖北、安徽近年在高新技术产业和战略性新兴产业方面快速发展带来科技创新效能迅速提升；陕西、四川、吉林在创新发明效率、科学研究成果等方面形成了重点突破；贵州、甘肃在结构调整中展现出转型亮点。正如开篇所述，高质量发展应结合本地基础与特色，形成内生的可持续发展，公民科学素质助力高质量发展从一个侧面展现出各地高质量发展的动力和进程。

| 第五章 |

经济百强城市科学素质高质量发展评价

省级层面的科学素质高质量发展分析对于探讨我国不同地区科技创新和高质量发展仍不充分,对指数计算结果与区域发展水平之间的关系仍需进一步细化。为此,本章在省级科学素质高质量发展评价的基础上延伸至地市级城市,分析我国地级及以上城市的公民科学素质高质量发展状况,为满足数据可得性条件,选取经济百强城市作为科学素质高质量发展指数的评价对象,计算经济百强城市的科学素质高质量发展指数,在此基础上开展聚类分析将100个城市划分为4个类别,以更好地挖掘和分析不同发展水平城市的特征,进而结合区域发展战略对典型地区创新发展中面临的问题进行研究,以找准自身发展特色,探索结合自身特点和区域发展重点的创新发展路径,最后与其他权威指数进行比较,进一步明确城市科学素质高质量发展指数的有效性和指向性。

一 城市科学素质高质量发展指标体系建构与测度

由于省级与地市级城市部分指标在总量和规模上存在较大差异,为更加客观合理地反映地市级城市发展情况,遵循科学素质高质量发展指标体系省级和地市级框架设计的一致性原则,在保持一、二级指标不变的基础上,城市科学素质高质量发展指标体系在部分三级指标及相应测量指标选取方面进行了调整，以便更好地评价城市科学素质高质量发展水平。

城市科学素质高质量发展指标体系的架构和指标设计与省级指标一致（见表5-1），3个一级指标包括科学素质质量、科学发展环境、科技创新效能。在指标操作化过程中，与省级指标体系采取了相同的赋权和无量纲化方法，使用归一化方法对原始数据进行线性变换并对各级指标下的子指标进行等权处理，此部分不再赘述。

科学素质质量指标包括科学素质水平、科学素质结构、科学素质增长3个二级指标。这3个二级指标的测量方式与省级指标体系保持一致，分别由三级指标"公民科学素质比例""科学素质结构均衡性""科学素质增长速度"构成，测算数据均来自中国公民科学素质抽样调查。"公民科学素质比例"为各城市具备科学素质的公民比例。"科学素质结构均衡性"以城市内科学素质较低（75分位）的公民科学素质得分与科学素质较高（25分位）的公民科学素质得分比值来表示。"科学素质增长速度"采用近年来各城市具备科学素质的公民比例的平均增长量衡量。由于2020年中国公民科学素质抽样调查是我国首次获得所有地级及以上城市的公民科学素质结果，而此前不同地区以城市为单位开展公民科学素质调查的年份并不统一。因此城市指标体系中"科学素质增长速度"这一指标无法像省级指标体系一样，统一使用2015~2020年科学素质比例年均增速进行测量。对于有2015年数据的城市，遵循省级指标的测量方法，对于2015年没有进行科学素质调查的城市，采用与2015年最相近年份的调查数据测量公民科学素质比例的平均增长量。

科学发展环境指标包括科学经济环境、科学文化环境和科学社会环境3个二级指标。与省级指标体系相同，科学经济环境指标同样使用"科技经济支撑"进行衡量，具体为2020年城市内每万人口所对应的科学技术财政支出水平。科学文化环境指标包括"公共科普发展""公共教育发展""公共文化发展"3个三级指标，"公共科普发展"使用2020年各城市博物馆建设情况（即博物馆数量）进行衡量，"公共教育发展"使用各城市各级各类学校专任教师数量与城市公民平均受教育年限加以衡量，"公共文化发展"使用

第五章 经济百强城市科学素质高质量发展评价

表 5-1 城市科学素质高质量发展指标体系

一级指标	二级指标	三级指标	指标释义	指标测算
科学素质质量	科学素质水平	公民科学素质比例	具有科学素质的公民比例	具有科学素质的公民比例
	科学素质结构	科学素质结构均衡性	低分位科学素质得分与高分位科学素质分比	25分位科学素质得分/75分位科学素质得分
	科学素质增长	科学素质增长速度	近年各地科学素质增长绝对速度	近年来公民科学素质比例增长/年数
	科学经济环境	科技经济支撑	每万人科学技术财政支出	科学技术财政支出/人口数量
科学发展环境	科学文化环境	公共科普发展	博物馆建设情况	博物馆数量
		公共教育发展	教师总数	各级各类学校专任教师数
			平均受教育年限	公民平均受教育年限
		公共文化发展	公共图书馆图书	公共图书馆图书数量
	科学社会环境	社会科技支持度	高等院校数量	高等院校数量
		社会治理专业度	数字生态指数-数字政府	数字生态指数下二级指标数字政府
		社会环境数字化	数字生态指数-数字基础	数字生态指数下二级指标数字基础
科技创新效能	研究队伍建设	研究人员数量	研究人员全时当量	R&D人员全时当量
		研究经费	R&D内部经费支出	R&D经费支出
	创新发明效率	发明专利数量	全市发明专利授权数量	全市发明专利授权数量
		发明专利占比	每万人发明专利占比	发明专利授权数量/专利授权数量
	科学研究成果	学术论文成果	每万人论文发表数量	年度WoS论文发表数量/人口数量
		信息技术产业发展	信息产业就业人员占全行业就业人员比重	信息产业就业人员/全行业就业人员数量

091

城市公共图书馆内图书数量进行衡量。科学社会环境指标包括"社会科技支持度""社会治理专业度""社会环境数字化"3个三级指标,"社会科技支持度"使用各城市拥有的高等院校数量进行衡量,"社会治理专业度"和"社会环境数字化"分别使用《数字生态指数》中的数字政府与数字基础指标衡量。上述测量指标除平均受教育年限、社会治理专业度和社会环境数字化外,数据均来自《中国城市统计年鉴2021》,城市公民平均受教育年限数据来自2020年第七次全国人口普查数据,社会治理专业度和社会环境数字化所用数据来自北京大学大数据分析与应用技术国家工程实验室联合多家单位发布的《数字生态指数2021》。

科技创新效能指标同样包括3个二级指标,分别为研究队伍建设、创新发明效率和科学研究成果。研究队伍建设指标使用"研究人员数量"和"研究经费"加以衡量,具体分别为2019年城市内R&D人员全时当量,以及各城市R&D经费支出。创新发明效率使用"发明专利数量"和"发明专利占比"衡量,分别为2020年城市发明专利授权数量,以及2020年发明专利授权数量占专利授权数量的比重。科学研究成果指标使用"学术论文成果"和"信息技术产业发展"进行测量,其中"学术论文成果"使用2020年科学引文索引网站(Web of Science)收录的各城市研究者发表的文献与城市人口之比加以衡量;"信息技术产业发展"使用各城市信息产业就业人员占全行业就业人员比重进行衡量。上述测量指标所用到的数据中,"学术论文成果"通过对Web of Science上的文章筛选检索获得,"信息技术产业发展"指标使用了第七次全国人口普查数据,其他指标所用数据则来自《中国城市统计年鉴》。由于2021年城市统计年鉴中未提供R&D相关指标数据,使用《中国城市统计年鉴2020》数据。

整体来看,城市科学素质高质量发展指标体系在一、二级指标的设置上与省级科学素质高质量发展指标体系完全一致,在三级指标的选取即指标操作化过程中存在一定差异。在二级指标"科学文化环境"下,城市指标体系和省级指标体系同样使用"公共科普发展""公共教育发展""公共文化发展"3个三级指标,而具体测量方式不同。城市指标体系具体测量方法见前文，对于"公共科普发展"，省级指标体系分别使用图书馆公共图书流通情况和人均科技馆参观次数测量；对于"公共教育发展"，省级指标体系使用师生比衡量；对于"公共文化发展"，省级指标体系使用人均文化产业增加值、每万人文化企业数量衡量。二级指标"科学社会环境"下，城市指标体系设置了社会科技支持度、社会治理专业度、社会环境数字化3个指标，省级指标体系中后两项三级指标相同，但第一项三级指标为公共参与广泛度。在测量方式上，省级指标体系中的"公共参与广泛度"使用每万人志愿者人数测量，"社会治理专业度"使用每万人社会工作师人数测量。二级指标"研究队伍建设"下，省级指标体系中使用"研究人员占就业人员比重"和"研究人员人均经费"共同衡量，城市指标体系中则并未采用比例性或人均性指标，而是使用研究人员总量与研究经费总数衡量。类似的，在二级指标"创新发明效率"下，省级指标体系中使用每万人发明专利数量和发明专利占比衡量，城市指标体系中则使用发明专利数量和发明专利占比测量。二级指标"科学研究成果"下，城市和省级指标体系中都使用了学术论文成果进行测量，但城市指标体系增添了信息技术产业发展这个三级指标。

城市指标体系和省级指标体系存在指标设置与测量方式差异的主要原因有两个：一是数据可得性问题，如人均文化产业增加值、每万人志愿者人数等测量指标均缺少城市级别的数据，因此需要寻找其他能够较好测量相应二级指标的数据加以替代；二是考虑到城市规模问题，部分测量指标使用总量性数据替代人均数据等比例性数据。在省级层面，分析对象集中在31个省级行政区划单位，不存在特异值等问题，同时尽管行政级别相同，但直辖市与其他省份在规模上存在巨大差异，采用总量性指标会导致北京、上海等科学素质与科技实力发达的地区由于人口和经济规模等问题排位较低，总体来看人均指标更能体现地区综合发展水平。而在城市层面，分析对象数量较多，部分城市人口和经济规模小，在比例性指标（如师生比、每万人发明专利数量、博物馆与图书馆等基础设施建设和使用情况等）中可能出现因分子小而造成人均指标得分很高的情况。因此使用总量数据更能体现城市综合发展水平，避免指标设置造成的特异性数据。

按照城市科学素质高质量发展指标体系及上述测算方法，本研究对我国主要城市的公民科学素质建设发展状况与基于3个一级指标的分项指数进行了测算。

在城市选取方面，基于《中国城市统计年鉴2021》选择地区生产总值排名前100位的地级及以上城市，对这100个城市的科学素质高质量发展指数进行计算，并据此对城市进行排序。将指数计算与排序范围框定在经济百强城市中，主要原因有两个：一是百强城市在各个指标数据统计方面较为完整，数据可得性较强，而部分经济欠发达城市相对缺乏研究与开发（R&D）、信息产业发展等科技与产业基础，在指标体系所需的计算数据中缺失相对较多；二是百强城市具有一定经济、人口和产业规模，从而避免了部分特殊发展方向的城市（如人口较少的资源型城市等）在人均指标或比例性指标方面产生特异值，导致总体测量结果难以整体反映各城市公民科学素质高质量发展水平。

表5-2显示了我国经济百强城市科学素质高质量发展综合指数，表5-3、表5-4和表5-5分别显示了科学素质质量、科学发展环境、科技创新效能三个分项指数。

表5-2　城市科学素质高质量发展综合指数

单位：分

排序	城市	综合指数	排序	城市	综合指数
1	北京市	88.15	13	珠海市	36.22
2	上海市	69.19	14	宁波市	35.56
3	深圳市	58.56	15	无锡市	35.11
4	武汉市	55.71	16	重庆市	35.00
5	杭州市	53.16	17	济南市	34.90
6	广州市	52.67	18	福州市	33.84
7	南京市	51.17	19	太原市	33.64
8	西安市	47.43	20	长沙市	33.43
9	苏州市	45.58	21	芜湖市	32.49
10	成都市	44.24	22	郑州市	32.29
11	合肥市	42.30	23	厦门市	32.19
12	天津市	41.30	24	青岛市	32.17

续表

排序	城市	综合指数	排序	城市	综合指数
25	沈阳市	31.89	59	泰州市	22.06
26	大连市	29.87	60	廊坊市	21.60
27	东莞市	29.80	61	盐城市	21.25
28	佛山市	29.42	62	榆林市	21.24
29	石家庄市	28.28	63	台州市	21.14
30	常州市	28.15	64	金华市	20.75
31	昆明市	27.95	65	邯郸市	20.72
32	嘉兴市	27.92	66	保定市	20.63
33	南通市	27.60	67	乌鲁木齐市	20.43
34	绍兴市	27.23	68	新乡市	20.34
35	贵阳市	27.06	69	徐州市	20.26
36	镇江市	26.72	70	济宁市	20.15
37	哈尔滨市	26.71	71	扬州市	20.09
38	南昌市	26.53	72	惠州市	20.02
39	烟台市	26.13	73	滁州市	19.88
40	淄博市	25.26	74	临沂市	19.87
41	潍坊市	24.82	75	德州市	19.77
42	长春市	24.63	76	鄂尔多斯市	19.19
43	温州市	24.49	77	信阳市	18.85
44	南宁市	24.38	78	沧州市	18.73
45	宜昌市	24.15	79	九江市	18.69
46	衡阳市	23.54	80	漳州市	18.60
47	湖州市	23.53	81	淮安市	18.51
48	兰州市	23.44	82	许昌市	18.36
49	中山市	23.32	83	宿迁市	18.32
50	泉州市	23.17	84	常德市	18.23
51	株洲市	23.06	85	呼和浩特市	18.20
52	东营市	23.02	86	龙岩市	17.75
53	江门市	22.90	87	赣州市	17.42
54	柳州市	22.87	88	岳阳市	16.93
55	洛阳市	22.73	89	连云港市	16.88
56	威海市	22.62	90	阜阳市	16.88
57	唐山市	22.47	91	湛江市	16.85
58	绵阳市	22.44	92	南阳市	16.61

续表

排序	城市	综合指数	排序	城市	综合指数
93	驻马店市	16.30	97	宜宾市	14.11
94	茂名市	16.10	98	周口市	13.95
95	菏泽市	15.63	99	商丘市	13.66
96	遵义市	14.22	100	曲靖市	6.11

表 5-3 城市科学素质质量指数

单位：分

排序	城市	科学素质质量指数	排序	城市	科学素质质量指数
1	北京市	85.89	29	镇江市	52.68
2	上海市	80.06	30	成都市	52.39
3	西安市	74.71	31	榆林市	52.39
4	杭州市	72.66	32	唐山市	52.13
5	深圳市	71.36	33	昆明市	52.08
6	广州市	70.05	34	东营市	51.98
7	南京市	69.34	35	绍兴市	51.97
8	武汉市	68.46	36	潍坊市	51.78
9	苏州市	68.23	37	江门市	51.75
10	无锡市	66.56	38	泉州市	51.65
11	常州市	59.38	39	邯郸市	50.76
12	太原市	59.26	40	大连市	50.64
13	天津市	58.47	41	威海市	50.50
14	沈阳市	58.16	42	贵阳市	50.42
15	南通市	57.89	43	泰州市	50.27
16	福州市	57.89	44	厦门市	49.07
17	石家庄市	57.80	45	重庆市	48.95
18	济南市	55.67	46	哈尔滨市	48.83
19	宁波市	55.45	47	德州市	48.70
20	柳州市	54.64	48	南宁市	48.19
21	东莞市	54.12	49	廊坊市	47.98
22	青岛市	53.78	50	沧州市	47.60
23	淄博市	53.76	51	郑州市	47.51
24	宜昌市	53.58	52	珠海市	47.40
25	嘉兴市	53.58	53	绵阳市	47.29
26	烟台市	53.30	54	临沂市	47.23
27	芜湖市	53.00	55	保定市	46.95
28	合肥市	52.84	56	济宁市	46.46

续表

排序	城市	科学素质质量指数	排序	城市	科学素质质量指数
57	新乡市	46.38	79	九江市	41.30
58	盐城市	46.30	80	菏泽市	41.10
59	漳州市	46.26	81	台州市	40.74
60	湖州市	46.13	82	徐州市	40.63
61	长沙市	45.93	83	驻马店市	40.54
62	佛山市	45.86	84	龙岩市	40.28
63	温州市	45.20	85	洛阳市	40.14
64	衡阳市	45.13	86	株洲市	40.11
65	长春市	44.79	87	金华市	39.29
66	中山市	44.53	88	乌鲁木齐市	38.72
67	鄂尔多斯市	44.06	89	阜阳市	38.36
68	湛江市	43.47	90	岳阳市	38.29
69	常德市	43.25	91	连云港市	38.21
70	滁州市	43.16	92	惠州市	37.72
71	扬州市	42.55	93	南阳市	37.51
72	许昌市	42.27	94	周口市	36.44
73	南昌市	42.20	95	宜宾市	35.96
74	茂名市	42.03	96	赣州市	35.58
75	淮安市	41.87	97	呼和浩特市	34.28
76	信阳市	41.68	98	商丘市	32.87
77	宿迁市	41.47	99	遵义市	31.67
78	兰州市	41.35	100	曲靖市	14.26

表 5-4 城市科学发展环境指数

单位：分

排序	城市	科学发展环境指数	排序	城市	科学发展环境指数
1	北京市	84.38	9	苏州市	48.57
2	上海市	77.05	10	南京市	45.60
3	深圳市	58.75	11	珠海市	45.37
4	广州市	58.07	12	天津市	45.21
5	武汉市	54.44	13	重庆市	39.59
6	成都市	53.37	14	宁波市	37.40
7	合肥市	50.92	15	西安市	36.83
8	杭州市	50.15	16	郑州市	34.07

续表

排序	城市	科学发展环境指数	排序	城市	科学发展环境指数
17	芜湖市	32.38	51	淄博市	15.18
18	佛山市	30.65	52	兰州市	15.13
19	长沙市	29.40	53	台州市	14.68
20	济南市	29.08	54	呼和浩特市	13.29
21	厦门市	28.91	55	赣州市	12.95
22	太原市	27.63	56	宜昌市	12.77
23	福州市	27.30	57	江门市	12.67
24	南昌市	26.21	58	泉州市	12.60
25	无锡市	25.74	59	盐城市	12.37
26	青岛市	23.76	60	九江市	12.21
27	贵阳市	21.75	61	徐州市	11.52
28	绍兴市	21.42	62	威海市	11.50
29	昆明市	21.05	63	鄂尔多斯市	11.50
30	东莞市	20.92	64	廊坊市	11.37
31	沈阳市	20.82	65	东营市	11.36
32	株洲市	20.74	66	扬州市	10.71
33	嘉兴市	20.42	67	泰州市	10.62
34	洛阳市	20.23	68	济宁市	10.53
35	大连市	19.27	69	滁州市	10.48
36	哈尔滨市	18.88	70	唐山市	10.40
37	湖州市	18.65	71	新乡市	10.34
38	常州市	18.19	72	保定市	10.21
39	中山市	17.86	73	柳州市	9.90
40	烟台市	17.77	74	宿迁市	9.79
41	石家庄市	17.55	75	龙岩市	9.69
42	南通市	16.78	76	淮安市	9.12
43	温州市	16.75	77	邯郸市	8.77
44	南宁市	16.68	78	许昌市	8.76
45	镇江市	16.55	79	临沂市	8.75
46	乌鲁木齐市	16.35	80	绵阳市	8.69
47	潍坊市	16.03	81	岳阳市	8.49
48	金华市	15.57	82	信阳市	8.36
49	长春市	15.26	83	连云港市	8.36
50	惠州市	15.25	84	南阳市	8.12

续表

排序	城市	科学发展环境指数	排序	城市	科学发展环境指数
85	德州市	8.02	93	榆林市	5.35
86	衡阳市	7.92	94	阜阳市	5.02
87	驻马店市	7.70	95	周口市	4.91
88	遵义市	7.39	96	宜宾市	4.84
89	沧州市	7.13	97	菏泽市	4.83
90	商丘市	7.08	98	湛江市	4.07
91	常德市	6.60	99	茂名市	3.97
92	漳州市	6.25	100	曲靖市	2.66

表 5-5 城市科技创新效能指数

单位：分

排序	城市	科技创新效能指数	排序	城市	科技创新效能指数
1	北京市	94.19	23	郑州市	15.29
2	上海市	50.47	24	东莞市	14.37
3	深圳市	45.58	25	太原市	14.03
4	武汉市	44.24	26	长春市	13.85
5	南京市	38.56	27	兰州市	13.84
6	杭州市	36.67	28	宁波市	13.83
7	西安市	30.74	29	无锡市	13.04
8	广州市	29.90	30	哈尔滨市	12.44
9	成都市	26.96	31	芜湖市	12.11
10	长沙市	24.95	32	佛山市	11.75
11	合肥市	23.16	33	温州市	11.52
12	天津市	20.22	34	绵阳市	11.34
13	苏州市	19.94	35	南昌市	11.20
14	济南市	19.94	36	镇江市	10.93
15	大连市	19.71	37	昆明市	10.72
16	青岛市	18.98	38	嘉兴市	9.77
17	厦门市	18.60	39	石家庄市	9.50
18	衡阳市	17.56	40	贵阳市	9.00
19	沈阳市	16.69	41	徐州市	8.64
20	重庆市	16.47	42	株洲市	8.33
21	福州市	16.32	43	绍兴市	8.29
22	珠海市	15.88	44	南宁市	8.27

续表

排序	城市	科技创新效能指数	排序	城市	科技创新效能指数
45	南通市	8.14	73	淮安市	4.53
46	台州市	7.98	74	新乡市	4.31
47	洛阳市	7.81	75	江门市	4.29
48	中山市	7.56	76	南阳市	4.19
49	金华市	7.39	77	连云港市	4.07
50	烟台市	7.31	78	柳州市	4.07
51	阜阳市	7.26	79	许昌市	4.04
52	惠州市	7.10	80	岳阳市	4.02
53	呼和浩特市	7.03	81	赣州市	3.72
54	扬州市	7.01	82	宿迁市	3.71
55	常州市	6.88	83	临沂市	3.62
56	淄博市	6.84	84	遵义市	3.61
57	潍坊市	6.65	85	济宁市	3.46
58	信阳市	6.51	86	漳州市	3.28
59	乌鲁木齐市	6.22	87	龙岩市	3.26
60	宜昌市	6.11	88	湛江市	3.00
61	滁州市	5.99	89	邯郸市	2.61
62	榆林市	5.97	90	德州市	2.59
63	威海市	5.85	91	九江市	2.57
64	湖州市	5.81	92	茂名市	2.31
65	东营市	5.73	93	鄂尔多斯市	2.02
66	廊坊市	5.45	94	宜宾市	1.53
67	泰州市	5.30	95	沧州市	1.46
68	泉州市	5.25	96	曲靖市	1.43
69	盐城市	5.08	97	商丘市	1.02
70	唐山市	4.90	98	菏泽市	0.97
71	常德市	4.83	99	驻马店市	0.68
72	保定市	4.73	100	周口市	0.48

从指数计算结果来看，北京市在科学素质质量、科学发展环境和科技创新效能三项指数与综合指数中均位居各城市第一，并且得分远远领先于其他城市。其综合指数得分为88.15分，高出第二名上海近20分。上海在科学素质质量、科学发展环境和科技创新效能三项指数与综合指数中均位列第二，整体来看，科学素质高质量发展情况仅次于北京，是除北京以外唯一综

合指数得分超过60分的城市。深圳、武汉、杭州、广州、南京、西安、苏州、成都、合肥、天津10个城市综合得分在40~60分，在3个分项指标排序中也大多位居各城市前列，在科学发展环境、科技创新效能两项中，这10个城市均居前15位，在科学素质质量中，除合肥、成都两市之外，其他城市也均列前15位，而合肥和成都则分别由于科学素质增长速度与科学素质结构均衡性排名靠后，在科学素质质量方面得分略低。

珠海、宁波、无锡等60个城市综合得分在20~40分，这些城市总体科学素质高质量发展水平差异较小，部分城市在个别分项指标中排序较为靠前，但发展不够均衡，总体科学素质发展水平与前两个梯队存在明显差距。滁州、临沂、德州等28个城市科学素质高质量发展综合指数得分在20分以下，尽管这些城市在我国所有城市中经济较为发达，但综合科学素质实力仍有所欠缺，在人才队伍培养、科技实力建设和科学氛围营造等方面存在较大不足，持续发展能力有待进一步开发。无论是科学素质高质量发展综合得分还是三个分项得分，排序在前几位的城市都与排序靠后甚至排在中上位置的城市存在较大差异，这表明科技创新活动具有明显的资源聚集性和人才聚集性，因而使极少数城市作为科技创新发展中心，与其他大多数城市拉开较大分差。

在城市科学素质高质量发展综合指数和分项指数结果的基础上，下一节将进一步结合聚类分析方法，对经济百强城市中不同城市的得分和排序进行分析。

二 城市科学素质高质量发展的不同类型

为更好地归纳分析城市的科学素质综合发展水平，本书使用K-means聚类分析，最终将100个城市分为如下四组（见表5-6）。组内排序与城市排名无关，仅根据纳入组别的顺序——按照我国统计局公布的各类年鉴中城市排序——依次纳入相应组别。

表 5-6 科学素质高质量发展城市聚类分组

单位：个

聚类分组序号	城市组别名称	数量	城市名单（按得分排序）
1	科学素质高质量发展中心城市	8	北京市、上海市、深圳市、武汉市、杭州市、广州市、南京市、西安市
2	科学素质高质量发展次中心城市	19	苏州市、成都市、合肥市、天津市、珠海市、宁波市、无锡市、重庆市、济南市、福州市、太原市、长沙市、芜湖市、郑州市、厦门市、青岛市、沈阳市、大连市、佛山市
3	科学素质高质量发展中坚城市	40	东莞市、石家庄市、常州市、昆明市、嘉兴市、南通市、绍兴市、贵阳市、镇江市、哈尔滨市、南昌市、烟台市、淄博市、潍坊市、长春市、温州市、南宁市、宜昌市、衡阳市、湖州市、中山市、泉州市、东营市、江门市、柳州市、威海市、唐山市、绵阳市、泰州市、廊坊市、盐城市、榆林市、邯郸市、保定市、新乡市、济宁市、临沂市、德州市、沧州市、漳州市
4	科学素质高质量发展潜力城市	33	兰州市、株洲市、洛阳市、台州市、金华市、乌鲁木齐市、徐州市、扬州市、惠州市、滁州市、鄂尔多斯市、信阳市、九江市、淮安市、许昌市、宿迁市、常德市、呼和浩特市、龙岩市、赣州市、岳阳市、连云港市、阜阳市、湛江市、南阳市、驻马店市、茂名市、菏泽市、遵义市、宜宾市、周口市、商丘市、曲靖市

根据科学素质高质量发展聚类分析结果，2020年全国经济百强城市可划分为四个梯队，分别是科学素质高质量发展中心城市、科学素质高质量发展次中心城市、科学素质高质量发展中坚城市和科学素质高质量发展潜力城市。

（一）科学素质高质量发展中心城市

中心城市包括8个城市，分别为北京市、上海市、深圳市、武汉市、杭州市、广州市、南京市、西安市。这8个城市在综合指数与三个分项指数中均位居城市榜单前列，在科学技术发展环境营造、人才培养与创新成果建设等方面均表现出突出优势，高新技术产业较为发达、人才资源丰富、科技创新和科学研究氛围浓厚，具有较强的创新资源集聚力、科技成果影响力、新兴产业引领力、创新环境吸引力和区域辐射带动力。在中心城市组内，北京市在科学素质高质量发展的三个维度中都表现出绝对的领先优势，而上海市虽然和北京市之间存在一定差距，但在科学发展环境和科技创新效能两方面相对于其他城市具有明显优势，稳居全国第二。整体来看，这8个中心城市在科学素质质量、科学发展环境和科技创新效能中都展现出国内一流水平，整体科技创新实力雄厚，在整体科学素质提升和实现科技创新突破方面具有绝对优势（见图5-1）。

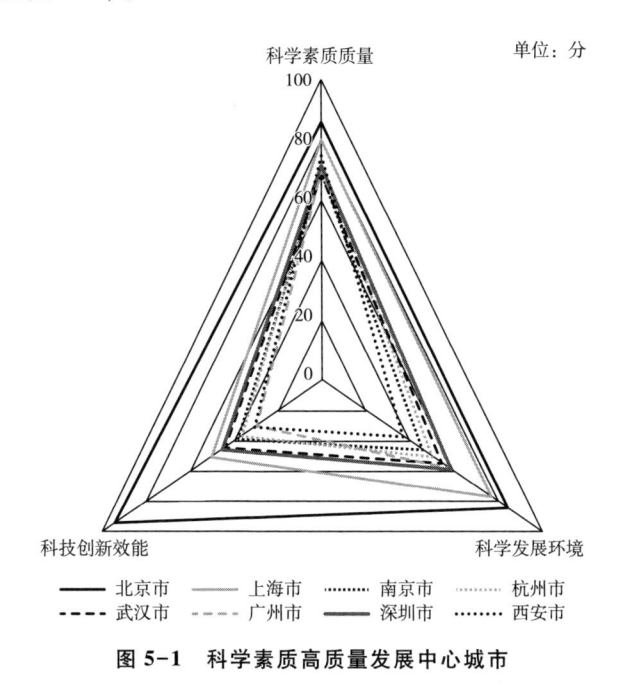

图5-1 科学素质高质量发展中心城市

北京市在科学素质高质量发展指数中得分为88.15分，位居全国第一，同时在科学素质质量、科学发展环境、科技创新效能3个一级指标中均位列第一，得分分别为85.89分、84.38分、94.19分，远超其他城市。从雷达图可以看出，北京市在科学素质高质量发展的三个维度中表现一枝独秀，并且各方面发展均衡，是我国当之无愧的科学中心、创新高地和创新生态融合发展的国际科技创新中心。从科学素质质量方面来看，北京市具有科学素质的公民比例达24.10%，仅次于上海，居全国第二。而在科学素质增长方面，北京市以2015~2020年年均1.3个百分点的速度位列全国第5。在公民科学素质基础好的前提下依旧保持着科学素质高速增长，反映出北京优越的科学资源、教育基础和高水平科普工作带来的影响，以及突出的人才吸引能力。在科学发展环境方面，北京市博物馆数量、平均受教育年限、高等院校数量等指标中均位居榜首，在教师总数、数字政府等指标中位列第二，具有科学氛围浓厚、科技应用迅速、科学文化发达等突出的科学环境优势。在科技创新方面，北京市具有国际一流的影响与地位，创新要素高度聚集，拥有大量世界一流科研机构、大科学装置、超级计算机、创新领先企业和独角兽企业，累计获得国家科技奖项占全国的30%左右，科研产出连续三年蝉联全球科研城市首位。具体到指标层面，北京市在研究人员数量和研究经费方面都远超其他城市，指标排序位列第一；从产出来看，北京在发明专利数量、每万人论文数量和信息产业就业人员占全行业就业人员比重等指标上也位列第一，拥有雄厚的创新人才、资金基础，并在此基础上产生了全国乃至世界领先的创新成果。

上海市在科学素质高质量发展指数中，以69.19分的综合得分位居全国第二，虽然与北京市存在一定差距，但以绝对优势领先其他城市。在科学素质质量方面，上海市科学素质质量指标得分80.06分，位列全国第二。其公民科学素质比例达24.30%，居全国第一。上海市在科学发展环境和科技创新效能两方面均位列全国第二，分别得分77.05分和50.47分，在博物馆数量、平均受教育年限、公共图书馆图书数量、研究人员数量、研究经费、信息产业就业人员占全行业就业人员比重等测量指标方面上海市均位列全国百强城市前三，在数字基础和数字政府方面更是位列全国第一。作为建设具有全球影响力的科技创新中心，上海建成和在建的国家重大科技基础设施14个，研发与转化功能型平台近20个，高新技术企业数量超过1.7万家，集成电路、生物医药、人工智能等重点产业发展水平全国甚至全球领先。总体来看，尽管在科学素质增长速度和结构均衡性等方面，上海略低于北京，但整体来看在科技探索与科学氛围营造方面具有全国领先水平。

深圳市科学素质高质量发展指数得分为58.56分，位列全国第三，科学素质质量、科学发展环境、科技创新效能分别排在第5、第3和第3位。从二、三级指标结果来看，深圳呈现信息产业等高新技术产业发达、创新潜能突出，但自身科学教育基础建设相对欠缺的特征。该市公民科学素质水平达21.09%，仅次于北京市和上海市，是全国公民科学素质比例超过20%的3个城市之一；平均受教育年限也以11.38年的水平位列第4，反映出该市人口具有较高的科学素质水平。同时，在创新方面，深圳市每万人科学技术财政支出、研究人员数量、研究经费、发明专利数量均位居全国前三，信息产业就业人员占全行业就业人员比重位列第5，可见深圳市科学研究投入力度大，人才活力和创造力蓬勃强劲，创新成果不断涌现。但该市在教师总数、博物馆数量、高等院校数量、每万人论文数量等方面排序相对靠后（分别位列第19、第18、第38和第23）。教师、高校和博物馆数量指标体现出深圳市自身教育和科学文化设施建设不足，丰富的尖端人才和高素质劳动力主要来自外来人口，本身相对缺乏与其经济和创新需求相适应的人才培养长效机制，有助于提升本地居民科学知识水平的科普基础设施建设也不够充足。每万人论文数量排序相对靠后，与发明专利数量名列前茅形成鲜明对比，反映出深圳市科技创新成果主要体现在成果应用和产业化中，而非学术论文与理论研究方面。深圳市以建设具有全球影响力的科技和产业创新高地为目标，作为主阵地推进大湾区综合性国家科学中心建设，先后建设了大湾区综合性国家科学中心、鹏城实验室、河套深港科技创新合作区、光明科学城、西丽湖国际科教城等一大批科技创新平台，专利授权量居全国城市首位。深圳市构建以企业为主体的创新体系，国家级高新技术企业达1.86万家，在"十四五"规划中将企业在创新领域的地位提到前所未有的高度，提出强化企业创新主体地位，促进各类创新要素向企业集聚。在人才引进方面，深圳市发挥市场机制主要作用，突出市场竞争、市场认可、市场评价，将人才流动带来的创新红利激发到最大。该市的战略定位和政策导向充分激发了创新潜能，实现了高水平的创新驱动发展，同时该市在增进人民福祉、建设更高效的本地化科学教育系统、形成与人才引进相配套的优质公共服务供给机制等方面仍需进一步加强。

武汉市以55.71分的科学素质高质量发展指数得分位列第4，科学素质质量、科学发展环境和科技创新效能分别排在第8、第5和第4位，在科技创新发展方面展现出与"国家中心城市、长江经济带核心城市和国际化大都市"总体定位相符的实力与潜能。在公民科学素质建设方面，武汉市公民科学素质比例达16.14%，位居全国第9；从科学素质结构均衡性方面来看位列经济百强城市之首，这意味着公民科学素质均衡程度在主要城市中最好。在科学发展环境方面，武汉市在除公共图书馆图书和数字政府以外的各项测量指标中均位居前10，特别是在高等院校数量和平均受教育年限方面，武汉市均位居全国第二，反映出该市优越的教育资源，使之成为我国中西部地区和长江经济带上至关重要的人才培育中心，也为中西部地区科技创新和高新技术产业发展提供了充足的人才支撑。在科技创新效能方面，武汉市创新成果排序靠前，研究人员和经费指标排序相对靠后。武汉市在发明专利数量、发明专利占比、每万人论文数量、信息产业就业人员占全行业就业人员比重这些衡量创新成果的指标中表现抢眼，分别位列百强城市第2、第1、第3和第9。研究人员数量在百强城市中仅排在第36位，居8个科学素质高质量发展中心城市最末位，研究经费排在第22位，同样相对靠后。这表明该市在创新人力、物力投入相对较少的前提下，展现出较高的创新效能。2020年，武汉市位列全球城市科研指数全国第4、全球第13，国家创新型城市创新能力指数位列全国第5，近年来国家重大科技基础设施群建设不断取得突破性进展，在全国率先成立科技成果转化局，建立市、区、高校院所、中介机构"四位一体"的科技成果转化新格局体系，光电子信息、汽车及零部件、生物医药及医疗器械、中小尺寸显示面板、集成电路等产业集群蓬勃发展。

杭州市以53.16分的科学素质高质量发展指数得分位列第5，在科学素质质量、科学发展环境和科技创新效能方面分别位列第4、第8和第6。杭州市公民科学素质比例达17.4%，位居全国第5，科学素质增长速度位居第9，但科学素质结构均衡性排名第46位，相对靠后，反映出公民科学素质水平内部差异较大。在科学发展环境与科技创新效能方面，杭州市发展较为全面、均衡，除高等院校数量指标外，在各项测量指标中均排在前20位。其中，每万人科学技术财政支出、博物馆数量、公共图书馆图书数量、每万人论文数量等指标位居前10，数字政府、数字基础、研究人员数量、研究经费、发明专利数量、信息产业就业人员占全行业就业人员比重位居全国前5。近年来，杭州市以建设国家自主创新示范区、国家新一代人工智能创新发展试验区和杭州城西科创大走廊为主线，持续深化全面创新改革试验，2020年在世界知识产权组织发布的全球创新指数城市排行榜中排名第25位，在数字经济、生命健康、智能制造等创新领域创造出领先全国的科技产业成果，培育出一大批具有自主创新能力和发展潜力的科技企业主体，以数字经济和智能制造业创造经济增长新动能。从科技创新效能及其下三级指标得分情况来看，杭州市在数字经济和信息产业领域表现亮眼，打造数字经济"第一城"的工作卓有成效。

广州市将自身定位为国家创新中心城市和国际科技创新枢纽，积极共建粤港澳大湾区国际科技创新中心和大湾区综合性国家科学中心，科技创新水平跻身全国前列。广州市科学素质高质量发展指数得分为52.67分，排在第6位，科学素质质量、科学发展环境、科技创新效能分别位列第6、第4、第8，发展较为均衡。公民科学素质比例达17.40%，位居第6，科学素质结构均衡性位列百强城市第5，在公民素质发展与内部差异之间取得了平衡。在科学发展环境各项指标中，广州市均排在前15位，其中高等院校数量、教师总数和数字政府指标都位居第3。广州市研究人员数量、发明专利数量、每万人论文数量和信息产业就业人员占全行业就业人员比重分别排在第4、第6、第7和第6位，反映出该市在落实创新驱动发展的工作中取得了亮眼成绩。2020年，广州市在"自然指数—科研城市"排名中位列全球第15，国家、省、市重点实验室数量分别达21家、241家和195家，高新技术企业数量达1.2万家，国家科技型中小企业备案入库三年累计超3万家，居全国城市第一，在移动通信、海洋科技、新材料、新能源等前沿领域实现重大突破。

南京市在科学素质高质量发展指数中以51.17分的得分位列第7，科学素质质量得分69.34分，同样排名第7；科学发展环境得分45.60分，排名第10；科技创新效能得分38.56分，排名第5，发展较为均衡。从全国范围来看，南京市公民科学素质排名靠前，公民具备科学素质的比例达

17.63%，排名第 4；平均受教育年限为 11.36 年，排名第 6。在公共图书馆图书数量、高等院校数量、数字政府等方面，南京市也排名前 10，具有较高的科学环境建设水平。近年来，南京市在创新能力建设方面表现出较为强劲的势头，尽管其研究人员数量和研究经费分别仅排在第 17 位和第 25 位，研究经费在 8 个科学素质高质量发展中心城市中最低，但发明专利数量和发明专利占比分别位列百强城市中第 7 和第 11，每万人论文数量更是位列第 2，仅次于北京市。信息产业就业人员占全行业就业人员比重达 5.86%，排在北京市、上海市、杭州市之后的第 4 位。不难看出，南京市在创新资源相对不足的情况下，创新发展成果较为突出。南京市作为国家首批创新型试点城市之一，不断向着引领性国家创新型城市发展；在科技部 2020 年国家创新型城市排行榜中居第 4 位，列世界知识产权组织 2020 年全球创新指数第 21 位。

西安市是关中平原城市群的核心和西部科技创新港，也是全国重要的科研和高新技术产业基地。在西部大开发战略和"一带一路"综合改革开放试验中，西安市作为国家中心城市被赋予了重要作用，成为关中平原乃至西北经济和科技创新发展的策源地。西安市科学素质高质量发展指数得分 47.43 分，位列百强城市第 8；在科学素质质量、科学发展环境和科技创新效能三个指标上分别位列第 3、第 15 和第 7。在科学素质质量方面，西安市公民科学素质比例为 13.20%，在百强城市中排名第 28，科学素质结构均衡性排名第 12，科学素质增长速度排名第一。尽管西安市公民科学素质水平在科学素质高质量发展中心城市中排名相对较低，但正处在快速发展阶段，人才潜力与劳动力素质有待进一步激活。在科学发展环境方面，西安市历史文化悠久，教育气氛浓厚，工业基础好，在公共图书馆图书数量、博物馆数量、教师总数和高等院校数量等科教基础设施与资源指标方面排名靠前，分别排在第 2、第 4、第 7 和第 8 位。但相较于丰富的传统科学和教育资源，西安市的数字化与信息化建设相对滞后，其数字政府和数字基础指标排在第 21 和 27 位，落后于其他 7 个中心城市。在科技创新效能方面，西安市在研究人员数量和研究经费指标中分列第 11 和第 9 位，发明专利数量与发明专利占比分别位列第 8 与第 4，每万人论文数量与信息产业就业人员占全行业就业人比重排在第 4 和第 10 位。可以看出,西安市在科技创新效能的各个方面具有较强竞争力,在创新资源投入和创新发展方面成就明显。作为关中平原城市群的核心城市,西安市在西部大开发战略中,肩负着带动关中平原实现经济发展和产业升级的重任。

总的来看,科学素质高质量发展 8 个中心城市是我国创新资源集聚的高地和极具影响力的原始创新策源地,在国家创新体系建设中发挥着关键引领作用。从 3 个一级指标来看,在科学素质质量和科技创新效能两个指标中同样占据了前 8 的位置,只是内部排序有所变化;在科学发展环境指标中,除南京市和西安市以外,其他 6 个城市位列前 8,南京市和西安市分列第 10 和第 15 位,仍位于前列。这 8 个城市在科学素质发展的各个方面都排在靠前位置,创新实力在区域内处于引领地位,科技创新发展水平和创新能力突出。

上述 8 个城市作为我国公民科学素质高质量发展的第一梯队,命名为科学素质高质量发展中心城市,也为国家中心城市建设提供科技维度的参考,呈现以下主要特征。

反映了国家创新驱动发展战略的整体规划和战略布局,印证了国家中心城市发展规划的科学性和合理性,体现出我国中心城市在创新驱动发展战略和高质量发展中发挥的引领作用。在当前确立的 9 个国家中心城市中,北京市、上海市、广州市、武汉市、西安市 5 个城市与本研究"科学素质高质量发展中心城市"重合,而科学素质高质量发展中心城市所包括的深圳市、杭州市、南京市则不在国家中心城市之列。二者间差异主要是由侧重点不同造成的,国家中心城市的选择和设置需要全方位考虑城市和区域发展的各种因素,而本研究提出的"科学素质高质量发展指数"仅聚焦建立在公民科学素质基础上的科学环境与科技能力建设情况,作为我国科技创新发展中第一梯队的 8 个科学素质高质量发展中心城市,在科学素质建设、科学环境建设和科技创新能力等方面均具有全国领先水平,在科技创新方面有效落实了国家的区域布局和发展规划,成为区域乃至全国性科技创新发展的引领者和策源地。

国家中心城市中的天津市、重庆市、成都市、郑州市未纳入科学素质高质量发展中心城市,这 4 个城市在第二梯队的"科学素质高质量发展次中心城市"之列,与北京市、上海市、广州市、武汉市、西安市相比,其在发挥国家中心城市金融、贸易、文化、管理等综合引领作用的同时,仍需在科技创新发展中进一步发力,提升科技创新整体实力,进而在我国高质量发展道路中发挥更大的引领作用。

从系统角度来看,创新所需的人才储备、社会生态和科技实力是一个有机整体,相辅相成,密不可分。科学素质高质量发展中心城市在科学素质质量、科学发展环境和科技创新效能3个维度均呈现全国领先的水平,表现出高水平创新要素的均衡性以及长期、可持续的创新发展能力。高质量发展是以科技创新为主要驱动力的发展,追求通过创新实现全要素生产率的持续提升,从而推动经济高质量发展。这要求创新系统中不同维度的发展具有均衡性和可持续性,要求代表创新所需人才储备的科学素质质量、代表创新所依托的社会生态的科学发展环境、代表科技实力的科技创新效能3个维度实现高水平均衡,从而为创新发展和高质量发展提供稳定、均衡、可持续的驱动力。科学素质高质量发展中心城市在创新必需的各维度中均排在全国主要城市前列,在创新驱动发展战略中占据系统性优势地位,将为国家创新中心乃至全球创新中心建设提供坚实有力的支撑。

(二)科学素质高质量发展次中心城市

次中心城市包括19个城市,分别是苏州市、成都市、合肥市、天津市、珠海市、宁波市、无锡市、重庆市、济南市、福州市、太原市、长沙市、芜湖市、郑州市、厦门市、青岛市、沈阳市、大连市、佛山市。总体来看,第二类城市以中部部分省份的省会城市或中心城市(如太原市、沈阳市、大连市、合肥市、福州市、青岛市、郑州市等)、经济发达省份的二线城市(如苏州市、无锡市、珠海市等)为主,经济基础好,科技投入力度大,拥有功能完备、体系健全的创新体系,拥有区域内技术领先的科技创新与技术研发平台,对所在区域有强大的人才吸引力优势,以高新技术产业为主的新兴产业发展态势良好,处在承接中心城市人才技术并不断利用政策和成本优势努力实现追赶和赶超的阶段(见图5-2)。

科学素质质量
单位：分

图例：
苏州市、成都市、合肥市、天津市、珠海市
宁波市、无锡市、重庆市、济南市、福州市
太原市、长沙市、芜湖市、郑州市、厦门市
青岛市、沈阳市、大连市、佛山市

科技创新效能　　　　　　科学发展环境

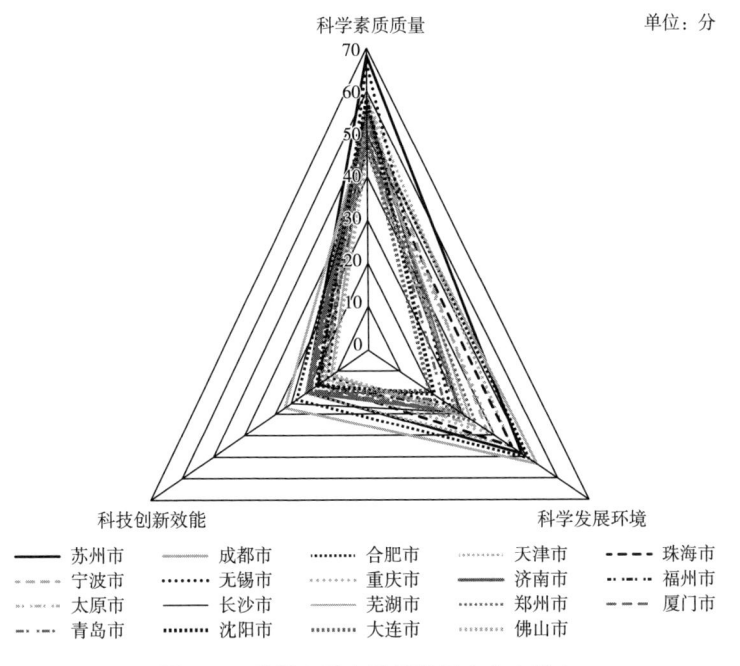

图 5-2　科学素质高质量发展次中心城市

在 19 个科学素质高质量发展次中心城市中，排序最高的苏州市得分 45.58 分，最低的佛山市得分 29.42 分。就科学素质质量指标而言，这些城市绝大多数排在前 40 位，这些城市的公民科学素质水平均超过 10%，处于工业转型升级和迈入创新发展的阶段，为城市承接先进技术、推动高新技术产业发展打下了坚实的基础。在科学发展环境中，成都市以 53.37 分的得分位居百强城市第 6，合肥市、苏州市同样位居前 10，19 个次中心城市除沈阳市和大连市外均排在前 30 位。在科技创新效能中，次中心城市均分布在前 35 位，其中成都市以 26.96 分的得分位居百强城市第 9，长沙市紧随其后位居第 10。从分数排序不难看出，作为科学素质高质量发展第二梯队的次中心城市，内部存在较大的科学发展环境和科技创新效能差距。

在第二梯队中，苏州市、天津市、珠海市、宁波市、无锡市、济南市、福州市、厦门市、青岛市、沈阳市、大连市、佛山市 12 地属于东部地区城市，合肥市、太原市、长沙市、芜湖市、郑州市 5 地属于中部地区城市，成都市和重庆市属于西部地区城市。苏州市、宁波市、无锡市属于长三角经济圈，该区域以全球视野谋划共同建设一批高水平开放创新平台，联合实施一批重大国际科技合作项目，引进培育一批高层次国际顶尖人才团队，协同拓展一批国际科技合作渠道，充分发挥地区创新资源优势，推动区域知识创新体系开放共享，不断推进生产要素聚集和区域内流动，构建具有全球竞争力的世界级城市群。苏州市、宁波市和无锡市的科学素质高质量发展指数得分分别为45.58分、35.56分和35.11分，排在经济百强城市的第9、第14和第15位，科学素质质量分别排在第9、第19和第10位，科学发展环境分列第9、第14和第25位，科技创新效能分列第13、第28和第29位。3个城市发展相对均衡，并且呈现较为清晰的发展层次，与上海市、杭州市和南京市形成明显的雁阵式发展格局。在科学素质质量方面，3个城市都具有整体公民科学素质水平较高、公民知识水平差异较小的特点，公民科学素质比例分别排在百强城市的第7、第11和第10位，表现较为突出；在结构均衡性指标上分别排在第7、第2和第25位，公民科学素质具有较高均衡性。相较而言，三市科学素质增长相对较缓，分别排在第24、第85和第31位，尤其是宁波市，在经济百强城市中其科学素质增长略显乏力。在科学环境发展方面，苏州市、宁波市、无锡市的平均受教育年限分别排在百强城市的第27、第47和第24位，高等院校数量分列第27、第37和第42位，教师总数分列第26、第52和第61位，反映出在基本教育资源和人才培养成果方面，这3个城市相对其经济与产业发展较为滞后。但这3个城市对科技创新大力投入，在每万人科学技术财政支出中苏州市位居第5，宁波市位列第11，无锡市位列第17；在数字政府指标中同样成果较为明显，三市分别排在第12、第16和第35位；在数字基础指标中分别排在第12、第10和第18位。在科技创新效能方面，苏州市、宁波市和无锡市在研究人员数量中位列第6、第9和第19，在研究经费中位居第4、第10和第11，在次中心城市中表现突出。特别是苏州市，其雄厚的研究力量甚至超过了部分中心城市。从研究成果来看，三市成绩较为突出，在发明专利数量中位列第10、第18和第23；但在学术论文成果方面，三市排在第31、第32和第33位，次序相对较低；

信息产业就业人员占全行业就业人员比重分列第23、第52和第28位，同样排名相对靠后。这主要是由于三市都是制造业强市，不断通过优化原有产业结构实现转型升级，发展方向主要集中在先进制造业领域，产生了大量便于落地和生产的创新发明成果，以理论研究为主的科技论文相对较少，同时由于周边上海、杭州等中心城市巨大的虹吸效应，信息产业发展相对迟滞。换言之，三市在科技创新效能内部不同指标上的排序差异，主要是由其定位与自身优势所决定的，体现出城市的发展特色。在长三角一体化发展进程中，包括苏州、宁波、无锡三市在内的城市通过互联互通与上下游协同，使得产业链供应链的延伸和完善成为可能，构建出具有先进技术水平的世界级产业集群，在人工智能、物联网、高端软件、智能硬件、量子信息等领域实现供应链产业链的融合优势，建设沿沪宁产业创新带、G60科创走廊、太湖湾科创带等创新高地，辐射带动长三角全域科创与产业融合发展。

天津市科学素质高质量发展指数得分41.30分，居全国第12位，在科学素质质量指标中以58.47分的得分位居第13，科学发展环境和科技创新效能指标分别得分45.21分和20.22分，均排在第12位。在公民科学素质比例方面，天津以16.58%位列第8，2015~2020年科学素质年均增速位列第二。在科学发展环境方面，天津市具有科普设施丰富和科技基础坚实的优势，博物馆数量、公共图书馆图书数量、高等院校数量、数字基础等指标均位列前10。在科技创新效能方面，天津市对科技研发工作进行了大量投入，研究人员数量和研究经费位居前10。天津以全国先进制造研发基地为定位，2020年居"世界区域创新集群百强榜"第56位，在大型地震工程模拟研究设施、国家合成生物技术创新中心等重大创新平台建设方面成绩亮眼，形成以信息技术应用创新、工业机器人等为代表的人工智能"七链"产业创新生态。然而从创新发展成果来看，天津市发明专利数量位列第20，发明专利占比位列第68，信息产业就业人员占全行业就业人员比重位列第18，表明天津在创造性发明和信息产业等新兴产业建设方面相对不足。天津市整体科技创新发展水平较高，科技和工业基础优越，但与第一梯队城市存在明显差距。作为拥有优良科技和人才基础的直辖市，天津市已将"积极融入北京国际科技创新中心建设和雄安新区创新发展，推动京津冀产业链和创新链深度融合"写入本市"十四五"规划，加快补足在新兴产业发展与创新发明方面的短板。

珠海市和佛山市属于珠三角城市群，这一城市群人口多、地域广，工业化与城市化水平高，以广州市和深圳市为经济和创新发展中心，联通港澳，形成了域内产业结构互补性和多元化发展格局。珠海市和佛山市属于区域内次发达城市与次中心，受到广州市和深圳市两个增长极科技、资本、人力等要素的辐射，成为区域内经济发展轴线上的重要支点，在广深科创走廊中成为创新要素流动链路上的枢纽。珠海市以36.22分的科学素质高质量发展指数得分位列第13，佛山市得分29.42分，位列第28。珠海市在科学素质质量、科学发展环境和科技创新效能指标中分别排第52、第11和第22位，佛山市则分别排第62、第18和第32位，能够看出两市均存在公民科学素质建设的短板。珠海市在科学素质水平指标中位居第24，佛山市位列第34，但两市科学素质增长速度较低，分别位列第73和第93，不利于产业结构优化和长期经济发展。在科技和数字化发展建设中，两市表现突出，珠海市在每万人科学技术财政支出指标中位列百强城市榜首，佛山市排在第13位，数字基础分列第20和第24位。珠海和佛山两市的博物馆数量分列第99和第44位，教师总数分列第97位和第51位，公共图书馆图书数量分列第70和第34位。这反映出两座城市科教公共服务投入不足，其中珠海市较为滞后，与其经济发展水平和尖端科技活动定位不符。尽管如此，在平均受教育年限指标中，珠海市排在第13位，并领先佛山市的第34位，这意味着珠海市人口素质和科研人才队伍高度依赖外来人口，通过输入式人才建设工作来解决劳动力素质问题。在创新研发活动中，珠海市和佛山市研究人员数量分别排名第41和第13位，研究经费分别排在第48和第16位，发明专利数量分别排在第24和第17位，发明专利占比分列第18和第61位，每万人论文数量分别排在第24和第54位。可以看出佛山市在研发活动中投入更大，但从创新活动结果来看，珠海市的发明成果与佛山市相去不远，同时理论研究成果甚至远超佛山市，具有很高的创新效率。这与两座城市所在区域的定位不无关系。在珠三角城市群和粤港澳大湾区中，广州市和深圳市是创新发展的"引擎",佛山市则是广州市侧翼的先进制造业基地,以智能家居、高端装备、新材料、电子核心、生物医药与健康为核心的先进制造业产业集群显示度不断提升,更侧重于应用性强、便于落地的专利开发;珠海市是面向港澳与世界的创新交流承接平台和开放门户,积极融入粤港澳大湾区国际科技创新中心建设,创新创业环境持续优化,创新发展的体制机制加速形成,成为大湾区建设中创新发展的新兴力量。

济南市和青岛市是山东省创新发展的"双子星",致力于成为黄河流域的经济中心和龙头带动区域,与京津冀、辽中南地区共同构筑中国经济发展的重要增长极,科技综合实力与创新能力远远超过省内其他城市。济南市科学素质高质量发展指数得分34.90分,位列第17;青岛市得分32.17分,位列第24。两市科学素质质量指标分别位列第18和第22,科学发展环境指标位列第20和26,科技创新效能指标位列第14和第16,可以看出两市发展水平较为接近,共同引领山东省科技创新发展。在科学素质水平、博物馆数量、教师总数、公共图书馆图书数量、每万人论文数量几项指标中,济南市排在百强城市前15位,此外在平均受教育年限、高等院校数量、数字政府、研究经费、研究人员数量、发明专利数量和信息产业就业人员占全行业就业人员比重中位列前20,反映出济南市各方面发展十分均衡,在面向公众的科普和教育资源方面,以及顶尖科技创新活动领域都保持着均衡稳定的投入,也得到了相匹配的成果。青岛市在绝大多数指标上的排序与济南市差距很小,在科学素质水平、数字基础、研究经费、发明专利数量、每万人论文数量几项指标中位列前15,在研究人员数量中位列前20。两市相差较大的指标主要为博物馆数量(济南位居第14,而青岛则位列第80)、公共图书馆图书数量(济南位居第13,青岛位列第29)和信息产业就业人员占全行业就业人员比重(济南位居第16,青岛位列第35)。可见作为省会城市,济南市在公共科学文化教育建设方面相对青岛市具有优势。同时两市在主要产业布局方面存在差异,济南市四大支柱产业为大数据与新一代信息技术、智能制造与高端装备、精品钢与先进材料、生物医药与大健康,而青岛市优势产业则集中在智能家电、轨道交通装备、新能源汽车、高端化工、海洋装备、食品饮料、纺织服装7个方面，济南市在信息产业方面更具优势。两市齐头并进、优势互补，近几年新旧动能转换取得明显成效，重点产业和新兴产业持续蓬勃发展，互联网、大数据、人工智能和实体经济日趋深度融合，未来产业成为推动经济高质量发展的重要增量，形成山东半岛乃至我国北方地区重要的经济创新基地。

福州市和厦门市属于"海西城市群"（海峡西岸城市群），均被列入国家创新型城市，科技创新能力在福建省处于领先地位。福州市科学素质高质量发展指数得分33.84分，排在第18位；厦门市得分32.19分，排名第23位。两市科学素质质量分别排名第16和第44位，科学发展环境排名第23和第21位，科技创新效能排名第21和第17位。福州与厦门两市科学素质水平分别达到13.76%与14.40%，排在百强城市第19和第15位；科学素质增长速度分别排在第66和第83位，排序较为靠后。在科学发展环境方面，福州市作为省会城市，在科学和教育公共服务供给方面表现明显优于厦门市，在博物馆数量、教师总数、高等院校数量、公共图书馆图书数量指标中分别排在第27、第39、第24和第17位，厦门市则分别排在第100、第79、第33和第28位。相较于经济和工业发展水平，厦门市科教资源与基础教育公共服务供给水平略低。但在每万人科学技术财政支出、数字政府和数字基础方面，两市成绩较为突出，并且厦门市优于福州市，在三项指标中厦门市分别排在第16、第8和第11位，福州市则分别位列第28、第15和第21。在科技创新效能方面，福州市和厦门市的研究人员数量分别排在百强城市的第22和第23位，研究经费排在第21和第26位，发明专利数量排在第31和第33位，每万人论文数量排在第25和第16位，信息产业就业人员占全行业就业人员比重排在第13和第8位。总的来看，相较于需长期投入、更注重公民整体素质培养的教育资源和科普基础设施建设，福州市和厦门市在顶尖科技创新上的投入力度更大，取得了优异的成绩，其中厦门市的投入倾向更为明显。围绕福州市和厦门市，福建省打造出"福厦泉国家自主创新示范区"等创新发展平台，促进创新叠加效应最大化，全面提升区域创新体系整体效能，打造集中连片、协同互补、联合发展的创新共同体，在福建省内核东南沿海地区形成创新发展的"引领极",主攻数字经济,重点发展光电信息、先进制造、生物技术、集成电路等产业,培育人工智能、5G、物联网、区块链等新经济增长点,致力于将福州市打造成区域内信息技术服务与现代服务业中心,将厦门市建设成具有国内龙头地位的应用型芯片聚集地。

沈阳市和大连市是辽中南城市群的发展"双核"。其中沈阳市作为传统重工业基地,在新发展阶段将发展目标定位为"东北亚国际化中心城市、科技创新中心、先进装备智能制造中心、高品质公共服务中心",围绕先进材料、机器人与智能制造、人工智能、生命科学等领域强化科技创新能力。大连市以海洋中心城市和面向亚太地区的国际航运中心城市为定位,致力于建设东北亚科技创新创业创投中心和创新型城市,围绕人工智能及相关新一代信息技术、智能制造、清洁能源大力推进基础研究和核心技术攻关,不断提升科技创新能力,寻求高质量发展新动能。在辽宁省发展战略中,需要发挥沈大"双核"联动作用,推动辽中南城市群建立更加紧密的经济合作关系,强化装备制造、氢能、化工、人工智能、汽车零部件、航空、金融、会展等产业的互补对接,共建"沈大经济走廊"。沈阳市科学素质高质量发展指数得分31.89分,大连市得分29.87分,分别位列百强城市第25和第26。在科学素质质量指标中两市分列第14和第40位,在科学发展环境中分列第31和第35位,在科技创新效能中分列第19和第15位。可以看出两座城市整体发展程度较为接近,尽管科学素质质量指标排序相差较大,但主要是由于沈阳市科学素质结构均衡性和科学素质增长速度方面领先大连市,实际公民科学素质水平分别位列第27和第31,相差较小。在科学发展环境各指标上,沈阳市和大连市排名互有先后,整体来看沈阳市排名高于大连市。在博物馆数量方面,沈阳市位列第66,大连市位列第41;每万人科学技术财政支出中沈阳市位列第58,大连市位列第47。在教师总数中沈阳市位列第38,大连市位列第58;在平均受教育年限中两市分别位列第11和第22;公共图书馆图书数量分列第14和第20位;高等院校数量方面分别位列第17和第35;数字政府指标中分列第34和第39位。而在科技创新效能中,大连市更具有优势。在研究人员数量方面大连位市列第24,沈阳市位列第31;

研究经费方面大连市排名第20,沈阳市位居第27;每万人论文数量中大连市排名第15,沈阳市排名第18;信息产业就业人员占全行业就业人员比重中大连市和沈阳市分别排在第11和第17位。总体来看,沈阳市和大连市具有较高的创新竞争力,共同引领辽宁乃至东北地区创新发展,有利于形成优势互补、高质量发展的区域经济布局。然而,两市存在同质竞争严重的问题,同时在全国范围内缺乏作为"核心城市"的能级。2020年,沈阳市拥有高新技术企业2560家,大连市拥有高新技术企业2475家;沈阳市研究与试验发展经费支出占地区生产总值比重为2.94%,大连市这一比重为2.94%。可以看出两市在科技创新发展程度上相差不多,相互间竞争压力大,协同发展体系尚未有效形成。

科学素质高质量发展次中心城市合肥市、太原市、芜湖市、郑州市、长沙市均为中部地区重要的中心城市。中部地区有六大关键城市群,分别为以合肥为核心的皖江城市带、以太原为核心的山西中部城市群、以郑州为核心的中原城市群、以武汉为核心的武汉城市圈、以南昌为核心的环鄱阳湖城市群、以长沙为核心的长株潭城市群。合肥市和芜湖市属于皖江城市带,积极向发达的长三角城市群靠拢,努力吸引和承接产业转移。合肥市科学素质高质量发展指数得分42.30分,位列第11;芜湖市得分32.49分,位列第21。合肥市分别在科学素质质量、科学发展环境和科技创新效能中排在第28、第7和第11位,芜湖市则分别排在第27、第17和第31位。合肥市公民科学素质水平达14.49%,位列全国第14;芜湖市在这方面较为薄弱,以12.52%的比例位列第38。两市每万人科学技术财政支出均位居全国前列,合肥市位列第4,芜湖市位列第7。在教师总数方面,合肥市和芜湖市分别排在第29和第89位;平均受教育年限分别排在第25和第66位;公共图书馆图书数量排在第30和第79位;高等院校数量分列第11和第53位;数字基础分列第13和第56位。在科技创新效能方面,合肥市和芜湖市在研究人员数量中分别位列第16和第38;研究经费排名第13和第40位;发明专利数量排名第14和第34位;每万人论文数量分别排名第12和第41位;信息产业就业人员占全行业就业人员比重分别排在第12和第48位。总的来说,合肥市科学资源和教育基础与其经济发展水平相适应，而科技创新效能指标的表现明显优于科学发展环境。芜湖市在绝大多数指标中与合肥存在较大差距，但同样在科技创新效能指标中排序高于科学发展环境指标。

太原市是山西中部城市群的核心城市，引领该城市群落实产业转型升级，不断开发新的经济增长点，推动制造业由资源依赖型向技术密集型优化升级。太原市科学素质高质量发展指数得分33.64分，位列百强城市第19；科学素质质量、科学发展环境、科技创新效能分别排在第12、第22和第25位。太原市公民科学素质水平偏低，在百强城市中排在第49位，但科学素质结构均衡性较高，位列第10，并且科学素质增长速度位列第12，劳动力发展潜力很大。在每万人科学技术财政支出、平均受教育年限、高等院校数量和信息产业就业人员占全行业就业人员比重等指标中，太原市名列前20，在每万人论文数量中位列第21，发展情况较好。在博物馆数量、数字基础、研究人员数量、研究经费指标中，太原分别排在第50、第52、第78、第73位，排名靠后。整体来看，作为传统重工业城市，太原市不断围绕电子信息产业等新兴产业实现产业优化升级，信息化产业发展势头良好，在低投入的基础上较好完成了科研成果，但其长期创新发展能力仍受到科研资源较为薄弱的影响，需进一步壮大人才和资金实力。

长沙市所属的长株潭城市群等长江中游城市群努力打造现代产业基地和全国重要创新基地。长沙市以33.43分的科学素质高质量发展指数得分位居全国百强城市第20，科学素质质量、科学发展环境和科技创新效能分别排在第61、第19和第10位，与珠海市和佛山市相似，都存在明显的公民科学素质建设滞后问题，影响科学素质质量的主要因素同样是科学素质增速较慢（排在第90位）。但长沙市科技创新效能优势更为突出，研究人员数量、研究经费指标都排在百强城市第12位，发明专利数量位列第16，发明专利占比和每万人论文数量均位居第8，信息产业就业人员占全行业就业人员比重位列第14，在构建科技创新高地发展体系、建设国内领先和具有重要影响力的区域科技创新中心战略中取得突出成绩。

郑州市引领的中原城市群依托区位优势，致力于建设全国重要的先进制造业和现代服务业基地、现代综合交通枢纽和新亚欧大陆桥经济走廊的核心地带。郑州市科学素质高质量发展指数得分32.29分，位列第22，科学素质质量、科学发展环境和科技创新效能指标分别排名第51、第16和第23位。郑州市公民科学素质水平位列第32，但增速仅排在第87位。郑州市科学发展环境优势最为突出，在教师总数、平均受教育年限、高等院校数量等指标中位列前10，在公共图书馆图书数量和数字政府指标中位列前20。在科技创新效能方面，郑州市科研资源建设情况良好，研究人员数量和研究经费分别位列第14和第18。但从研究成果来看，发明专利数量与每万人论文数量分别位居第25和第26，反映其研究资源仍需进一步提高利用率。

成都市和重庆市是西部高质量发展的重要增长极和全国重要的现代产业基地，成渝城市群是西部经济基础最好、经济实力最强的区域之一，近年来注重推进新型工业化进程，不断培育壮大新动能，在电子信息、装备制造和金融等产业领域实力雄厚，人力资源丰富，创新创业环境较好，具有较强的国际国内影响力。成都市和重庆市分别以44.24分和35.00分的科学素质高质量发展指数得分排在第10和第16位，科学素质质量分列第30和第45位，科学发展环境分别排在第6和第13位，科技创新效能分别排在第9和第20位。成都市公民科学素质水平达13.80%，位居全国第18；重庆市人口众多，整体科学素质水平略低，以10.20%位列第71。但成渝两市科学素质增速都相对较快，分别排在百强城市的第21和第23位。成都市在科学发展环境中排名靠前，博物馆数量居全国第2，仅次于北京，教师总数位列第5，公共图书馆图书数量位居全国第1，高等院校数量位列第6，数字基础和数字政府指标均排在第9位。重庆市在科学发展环境指标中也有不少位居前列，教师总数位列第1，但该指标与其人口规模息息相关；在博物馆数量、公共图书馆图书数量、高等院校数量、数字政府等指标中，重庆市分别位居第5、第11、第4和第5。可见成渝两市都拥有深厚的科学教育文化底蕴和先进的数字化发展水平。在科技创新效能方面，成都市在研究人员数量、研究经费、发明专利数量、发明专利占比、每万人论文数量和信息产业就业人员占全行业就业人员比重指标中分别位列第7、第8、第9、第22、第20和第7，重庆市则排在第15、第6、第13、第28、第37和第32位。在创新研发和信息产业建设方面，成都市在全国范围内都具有竞争优势，在我国西部更是对整个区域形成强大吸引力。重庆市在科技创新实力上稍逊于成都市，但仍表现出强大的竞争力，与成都市共同构建发展势头强劲的双城经济圈。依托重庆市和成都市丰富的科研资源优势与人才吸引力，在西部打造出一个高端要素集聚、沟通西南西北、推动战略性新兴产业融合集群发展的关键增长极。

以上分析表明，科学素质高质量发展次中心城市主要包括我国中西部地区的省会城市和核心城市以及东部发达地区的区域次中心城市。科学素质高质量发展次中心城市在我国科技发展与创新型国家建设过程中，作为枢纽发挥着聚集创新资源、推动区域一体化、推动协同发展的重要作用。

科学素质高质量发展次中心城市呈现以下主要特征。

科学素质高质量发展次中心城市处在我国创新驱动发展的第二梯队，以中西部地区的省会城市和核心城市以及东部发达地区的区域次中心城市为主，在全国范围内发挥着创新发展重要枢纽和关键支点的作用。其中前者在区域内发挥关键支点与引领中心作用，带动区域发展，实现科学技术、资金和人才的扩散与辐射，促进区域资源要素优化配置。后者在区域内作为创新发展的辅助引擎和枢纽，与区域中心城市协同发展，实现区域内供应链、产业链的延伸和创新要素市场的整合。科学素质高质量发展次中心城市已成为国内创新要素流向和聚集的重要基地，近年来加快承接国内外创新中心城市的技术、人才和资金转移，不断推动产业结构优化、向产业链高端攀升，特别是在新兴产业领域，利用后发优势开发新的经济增长点，在我国由高速增长转向高质量发展阶段承担着日益重要的经济和创新重任。

科学素质高质量发展次中心城市呈现科技创新效能整体滞后于科学素质质量、科学发展环境的结构特征，表明次中心城市当前仍处于创新要素协调整合阶段，处于创新驱动发展的上升期，创新资源有待进一步整合，从而实现与经济发展的深度融合。次中心城市在人才吸引、培养和科学基础设施建设方面积累了丰厚的工作成果，在科技创新成果转化、人才资源和科学生态环境资源优化等方面仍有广阔的开发空间。在我国加快实施创新驱动发展战略的大背景下，次中心城市应充分把握战略机遇期，利用好人才第一资源的战略价值，推动科学素质和科学环境优势进一步转化为科技实力优势，确保科技创新实力从量的积累迈向质的飞跃，从点的突破迈向系统能力提升，为高质量发展提供坚实支撑。

从区域分布来看，次中心区域分布呈现东中西部分布不均衡的状况。苏州市、天津市、珠海市、宁波市、无锡市、济南市、福州市、厦门市、青岛市、沈阳市、大连市、佛山市12地属于东部地区城市，合肥市、太原市、长沙市、芜湖市、郑州市5地属于中部地区城市，成都市和重庆市属于西部地区城市。若将科学素质高质量发展中心城市也纳入考量，则全国27个科学素质高质量发展的中心和次中心城市中，东部地区占据18席，中部地区占据6席，西部地区占据3席，东部地区占绝大多数，汇聚了科技创新发展的绝大多数资源，中西部地区相对而言缺乏竞争力，科技创新枢纽城市数量较少。中西部地区科学素质高质量发展中心和次中心城市需进一步深化科学素质发展，加快传统产业转型升级，布局战略性新兴产业，发展新型特色产业，尽早实现科技创新驱动高质量发展的战略目标，提升自身在全国经济和创新发展中的地位，辐射周边地区，强化支撑带动作用，促进东中西部协同联动，实现东中西部地区协调发展。

（三）科学素质高质量发展中坚城市

中坚城市包括40个城市，分别为东莞市、石家庄市、常州市、昆明市、嘉兴市、南通市、绍兴市、贵阳市、镇江市、哈尔滨市、南昌市、烟台市、淄博市、潍坊市、长春市、温州市、南宁市、宜昌市、衡阳市、湖州市、中山市、泉州市、东营市、江门市、柳州市、威海市、唐山市、绵阳市、泰州市、廊坊市、盐城市、榆林市、邯郸市、保定市、新乡市、济宁市、临沂市、德州市、沧州市、漳州市。这40个城市的科学素质高质量发展指数得分分布在18.60~29.80分，其中得分最高的是东莞市，位列百强城市第27，最低的为漳州市，位列第80（见图5-3）。在科学素质质量方面，这些城市

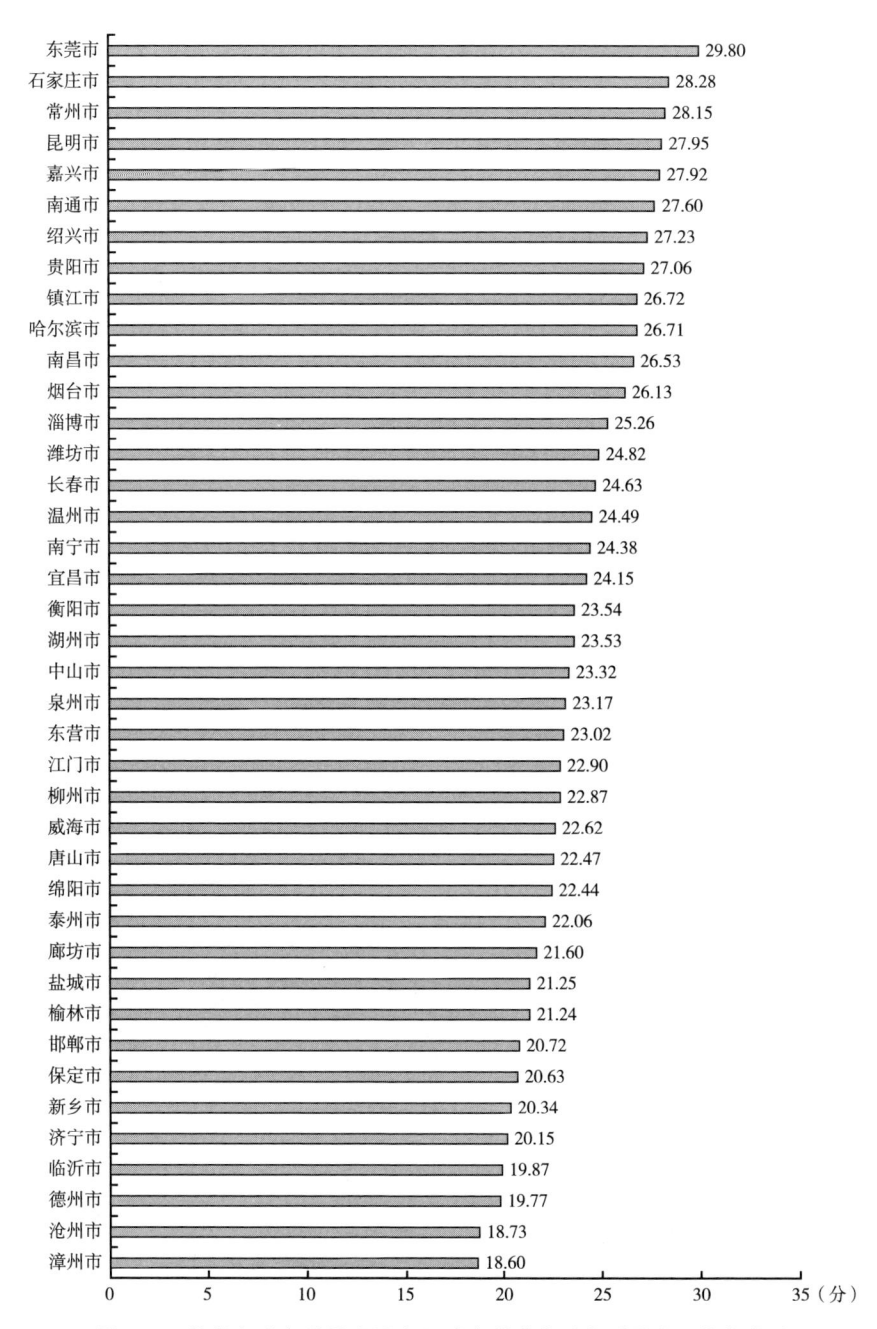

第五章 经济百强城市科学素质高质量发展评价

城市	得分
东莞市	29.80
石家庄市	28.28
常州市	28.15
昆明市	27.95
嘉兴市	27.92
南通市	27.60
绍兴市	27.23
贵阳市	27.06
镇江市	26.72
哈尔滨市	26.71
南昌市	26.53
烟台市	26.13
淄博市	25.26
潍坊市	24.82
长春市	24.63
温州市	24.49
南宁市	24.38
宜昌市	24.15
衡阳市	23.54
湖州市	23.53
中山市	23.32
泉州市	23.17
东营市	23.02
江门市	22.90
柳州市	22.87
威海市	22.62
唐山市	22.47
绵阳市	22.44
泰州市	22.06
廊坊市	21.60
盐城市	21.25
榆林市	21.24
邯郸市	20.72
保定市	20.63
新乡市	20.34
济宁市	20.15
临沂市	19.87
德州市	19.77
沧州市	18.73
漳州市	18.60

图 5-3 科学素质高质量发展中坚城市科学素质高质量发展指数得分

排序集中在第 11~73 位，其中排序最高的为常州市，最低的为南昌市（见图 5-4）。在科学发展环境中，中坚城市排名最高的为南昌市，位列第 24；最低的为榆林市，位列第 93（见图 5-5）。在科技创新效能中，排名最高的为衡阳市，位列第 18；排名最低的为沧州市，位列第 95（见图 5-6）。

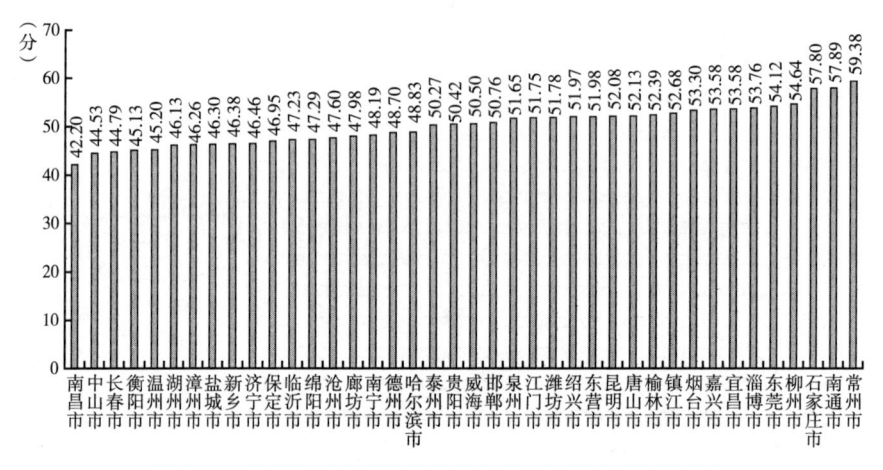

图 5-4 科学素质高质量发展中坚城市科学素质质量得分

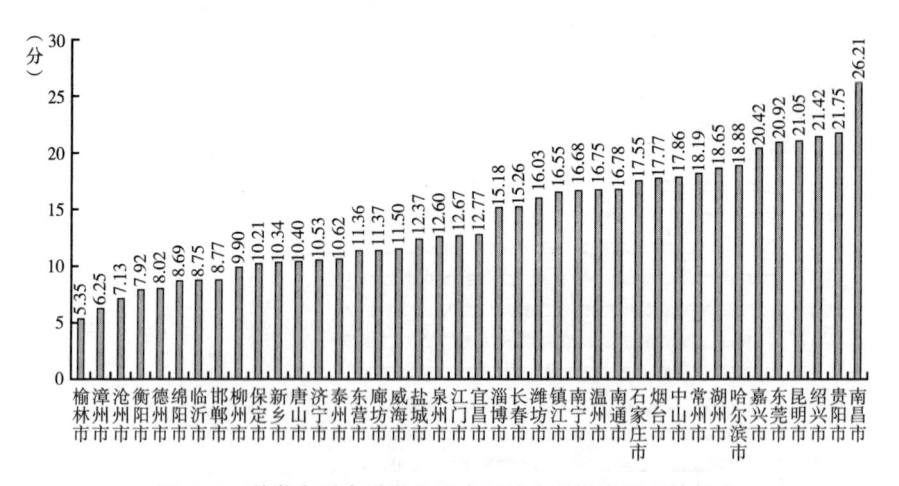

图 5-5 科学素质高质量发展中坚城市科学发展环境得分

科学素质高质量发展中坚城市大多处于发展方式转换阶段，从要素驱动向创新驱动的转型期，在传统产业方面拥有良好的基础，努力推动产业信息

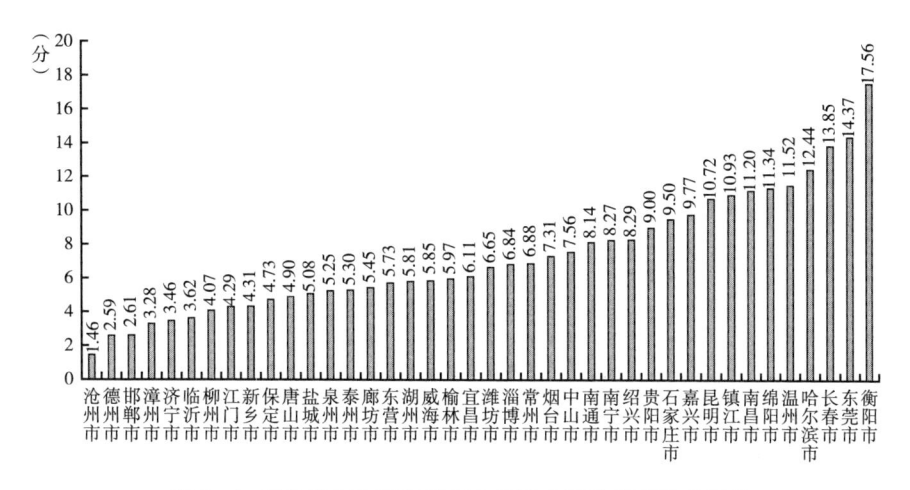

图 5-6　科学素质高质量发展中坚城市科技创新效能得分

化、数字化、现代化。尽管在发展规划和政策环境层面逐渐加强对科技创新的重视，但在实际营商环境、创新平台、科创氛围建设落实方面仍存在较大不足，科技投入大多落后于前两类城市，科技型企业数量较少，未能形成足够规模化、体系化、上下游完整的高新技术产业，在全国和世界范围内缺乏竞争力，但在区域内相关产业有一定竞争优势。这类城市是当前和未来我国新一轮科技革命和产业变革向纵深推进、大力建设创新型国家过程中的着眼点，也是下一步落实创新改革试验、推进技术转移落地、延伸高新技术产业和新兴产业带的落脚点。通过充分利用优良的产业基础、推动与经济发达地区的协同共建，有望通过产业高端化重构地区产业体系，实现新旧动能转换，成为技术创新、业态创新、模式创新的新高地。因而，这一类城市被称为科学素质高质量发展中坚城市。从科学素质质量角度来看，科学素质高质量发展中坚城市中公民科学素质最高的为常州市，达 15.17%，这也是这类城市中唯一科学素质水平在 15% 以上的城市；最低的是邯郸市，为 9.05%。科学素质高质量发展中坚城市公民科学素质主要分布在 10%~15%。在传统产业发展中，这类城市拥有大批具有一定知识水平和科学素质的熟练劳动力，但产业转型升级需要，对这些城市提出了进一步提高公民科学素质、培养和吸引更多高素质人才的要求。

科学素质高质量发展中坚城市中有 7 个省会城市（石家庄市、长春市、哈尔滨市、南昌市、南宁市、贵阳市、昆明市），其中包括东北 2 个省会城市、西南地区 3 个省会城市、中部地区 1 个省会城市和东部地区 1 个省会城市。除了石家庄市，其余城市均为我国东部经济发达地区外的核心城市。而石家庄市所处的河北省虽然属于东部省份，由于毗邻的北京和天津两个直辖市巨大的虹吸效应，在经济要素和创新要素聚集能力与辐射能力方面弱于其他省份省会城市在区域内发挥的吸引力和辐射力。整体来看，由于地理位置、气候、历史遗留问题等多重因素，尽管上述省会城市是本省的经济发展与创新核心，享受省内政策支持与优惠，能够吸引和调动区域内人才、技术与资金，汇集本省顶尖高校、科研院所等知识资源，具有区域内领先的科技创新资源，能够培养出独特的竞争优势和特色产业，但在全国范围内竞争力依旧不足。

在这 7 个省会城市中，昆明市等西南地区省会城市科技基础相对薄弱，但近年来逐步落实产业结构优化升级，通过培育新兴产业，特别是高新技术产业，创新能力不断提升。在科学素质高质量发展指数中，昆明市得分 27.95 分，位列百强城市第 31，科学素质质量、科学发展环境、科技创新效能指标分别排在第 33、第 29 和第 37 位。该市公民科学素质比例达 11.26%，位列第 52，增长速度在百强城市中排名第 10。昆明市公共科学教育资源供给水平适中，与其经济和科技创新发展需求基本相符，高等院校数量、教师总数、博物馆数量、公共图书馆图书数量指标分别排在第 14、第 30、第 31 和第 61 位，平均受教育年限为 10.22 年，位列第 31；数字政府和数字基础指标分别位居第 31 和第 41，研究人员数量和研究经费分别排名第 32 和第 42 位，发明专利数量同样位列第 42，每万人论文数量位列第 27，信息产业就业人员全行业就业人员比重位列第 34。昆明市在各方面发展十分均衡、稳定，创新成果也与投入力度相当，成为我国西南地区重要的科技发展中心。

与经济和科技地位不断攀升的昆明等西南地区省会城市不同，东北 2 个省会城市处在传统科技、工业核心城市相对衰落的过程中。以哈尔滨市为例，作为我国传统重工业基地，工业基础和教育基础良好。哈尔滨市科学素质高质量发展指数得分26.71分，在百强城市中排名第37位，属于中坚城市中排名较为靠前的城市。尽管如此，该市在信息化革命时代发展势头相对乏力。在科学素质质量、科学发展环境、科技创新效能中，哈尔滨市分别排在第46、第36和第30位。在科学素质质量方面相对落后的排序主要是由于该市在科学素质水平与增速方面都较为落后，分别位列第55和第67。尽管哈尔滨市作为老牌重工业基地，科学教育传统浓厚，拥有哈尔滨工业大学、哈尔滨工程大学、东北农业大学等优秀高校，高等院校数量位列我国第15，教师总数位居全国第27，但东北地区在我国经济发展中日益相对衰落的大趋势下，该市难以吸引和留住优秀人才，高素质人才流失严重，公民科学素质水平相对排名逐渐落后，被其他后发城市和新兴城市赶超。哈尔滨市在高等院校数量、博物馆数量、教师总数等传统科教资源指标方面排序相对靠前，但数字化建设滞后严重，数字基础指标仅排在第67位。在创新研发领域，凭借雄厚的研发基础，哈尔滨市在发明专利数量中位列第27，发明专利占比更是位列百强城市第5。但该市研发资金不足，研究经费排名第49位。尽管依靠深厚的科研底蕴以及重工业基础，哈尔滨市仍旧能够产生极具独特性和不可替代性的创新成果，但由于经济资源匮乏的限制，该市难以和经济发达城市开展竞争。在信息化时代，大数据、云计算、新能源、智能制造等发展方向成为科技赋能产业升级的关键，然而哈尔滨市创新研发主要集中在传统重工业领域，对新模式、新需求、新业态和新市场的适应不足，使得该市长期创新发展动能有所欠缺。

无论是处在创新发展上升期还是相对下滑阶段，中坚城市在省内和区域内是毋庸置疑的经济增长引擎和科技创新策源地，能够充分调动和利用域内人力、物力，不断实现理论和技术的突破，推动创新成果落地。然而相较于科学素质高质量发展中心城市与次中心城市，科学素质高质量发展中坚城市无论是在研发投入、人才队伍建设还是高新技术产业发展方面，均存在明显差距。如《昆明市"十四五"科技创新规划》中明确指出，"从研发投入和财政科技支出来看，昆明都低于全国平均水平，更低于西安、成都、广州、杭州等主要省会城市"，而这已经是汇集全省绝大多数研发资源、创造省内绝大多数创新成果的省会城市水平。哈尔滨市也在"十四五"科技创新规划中提到,"本市科技创新发展还存在一些薄弱环节,振兴发展中面临的经济总量不大、发展速度不快、产业结构不优等问题还没有得到根本解决"。其主要问题之一就在于,全社会研究与试验发展(R&D)投入强度较低,R&D投入占地区生产总值的比重多年低于2%,与创新发展水平位居前列的城市有一定差距(如北京2020年这一比重为6.44%,武汉为3.51%,青岛为3.09%)。尽管由于行政级别和地区开发战略,这类省会城市能够享受到本省和区域内政策资源倾斜,汇集域内人才,但放眼全国,薄弱的经济基础使得这些城市在科技创新投入方面落后于经济较发达地区的中心城市和次中心城市,甚至达不到全国平均水平,在科技资源集中和整合方面形成"一步落后,步步落后"的恶性循环。在全球经济增速放缓、传统要素驱动增长模式难以为继、我国转向高质量发展阶段、科学技术作为推动经济社会发展第一推动力的地位日益凸显的大背景下,产业转型升级需求日益迫切,省会城市等省内和区域内核心城市必须发挥引领示范和辐射带动作用,在区域内率先走出一条依靠科技和产业融合发展的创新之路。这使得这类经济相对欠发达地区的省会城市和计划单列市成为当前和接下来我国落实以创新驱动经济发展、以创新推动传统产业更替、以创新实现经济结构优化的战略要地和中坚力量。必须打破这些城市面临的资源束缚难题,协调经济和科技发达地区与欠发达地区的资源转移,打通科技成果转化通道,大力促进科技与产业的深度融合,帮助这些城市适应新一轮科技创新浪潮。

除副省级城市和省会城市外,科学素质高质量发展中坚城市还包括经济发达地区的三线城市(如嘉兴市、南通市、湖州市等)与经济较发达地区的二线城市(如烟台市、淄博市等)。科学素质高质量发展中坚城市整体可描述为:中西部地区的核心城市、经济较发达地区的二线城市、经济发达地区的三线城市。经济发达地区的三线城市和经济较发达地区的二线城市在区域内定位与发展方向类似,主要通过对接区域内核心城市知识平台(如高校、科研院所)的科研成果、承接核心城市技术转移提升本地产业科技含量,在产业链发展中做到、做好创新成果落地工作,构建产学研用深度融合的科技创新体系，主攻应用研究、技术创新和成果转化等创新链后端环节，带动产业链提质、供应链优化，推进创新链和产业链、供应链深度融合发展，塑造高质量发展新优势。如南通市，地处苏中，属于长三角城市群，科学素质高质量发展指数得分27.60分，位列百强城市第33；科学素质质量指标排在第15位，科学发展环境排在第42位，科技创新效能排在第45位。南通市科学发展环境指标排序整体位于百强城市的中段或中上水平，博物馆数量、平均受教育年限、公共图书馆图书数量、高等院校数量分别位列第39、第61、第35和第58。该市科技创新效能指标同样属于百强城市中的中间偏上水平，研究人员数量排名第29位，研究经费排名第22位，发明专利数量排名第38位，每万人论文数量和信息产业就业人员占全行业就业人员比重均排名第48位。由于地处长三角这一经济和科技发达地区，南通市充分利用区位优势，积极精准对接上海市，与上海市签订《沪通科技创新全面战略合作协议》，建立"沪通跨江协同创新领导小组"，合作共建国家技术转移东部中心南通分中心等27个科技服务平台，吸纳了126个科技创新及成果转移转化项目，引进上海电气研究院等近70家企业研发机构落户；在产业发展方面，注重建设特色鲜明、错位发展的产业发展格局，将自身融入上海"1+8"大都市圈规划，承接上海苏南辐射并向北传导带动，承担促进长三角更高质量一体化发展的重任。

泉州市地处福建省，是福建省确定的海峡西岸经济区中心城市之一。作为科学素质高质量发展指数得分23.17分、排名第50位的城市，泉州市在科学素质高质量发展中坚城市中处于中等水平，具有较强的代表性。泉州市在科学素质质量、科学发展环境和科技创新效能中分别排名第38、第58和第68位。泉州市公民科学素质水平位列第53、增速位列第55，但均衡性高居第13位，公民科学素质整体水平较低、增速较缓，但内部差异性较小。泉州市各项科学发展环境指标排序基本在第40~65位，发展均衡，除平均受教育年限位列第81，公共图书馆图书数量位列第24，高等院校数量位列第31。在科技创新效能指标中，泉州市研究人员数量和研究经费分别排名第34和第36位，发明专利数量排名第41位，信息产业就业人员占全行业就业人员比重排名第 58 位，发明专利占比排名第 88 位，这反映出泉州市科技创新效率偏低，相较于科研投入，科研成果数量有待进一步提高。在经济和科技创新发展中，泉州市一方面谋划环围头湾全域一体化发展，以海峡两岸集成电路产业合作试验区为引擎，努力打造两岸科技创新高地；另一方面利用毗邻的厦门市在高校、人才、交通、科研等方面的优势，布局高新技术领域科技创新平台，建设科技领军人才创新驱动中心，为半导体产业发展提供科技资源支撑。即便如此，泉州市仍然面临产业结构较落后、企业自主创新能力不足、科研资金支持有限、缺乏科技人才和战略性新兴产业、科技创新短板明显等问题，亟须依靠创新创造新供给、拓宽发展新空间。

在新一轮科技革命和产业变革深入发展的背景下，为落实创新型国家建设战略，必须加强前瞻部署，进一步培养创新集群，在全国范围内激发创新发展动力，加快培育新一代高新技术产业，为高质量发展提供更多高新技术成果供给。科学素质高质量发展中坚城市正是这一战略布局的重点城市，主要由经济欠发达地区的核心城市和经济发达地区的二三线城市构成。加大对这些城市的科技创新投入，有利于重塑和延伸地区产业链、供应链、价值链，通过科技创新构建我国广大地区新发展格局，协调不同地区发展方式，打造全国创新网络重要节点。

科学素质高质量发展中坚城市整体呈现以下变化特征。

科学素质高质量发展中坚城市大多处于要素驱动向创新驱动的转型期，现有经济与科技实力与中心城市和次中心城市差距明显，在科学素质高质量发展指数中，科技创新效能和科学发展环境排名整体较为靠后，特别是科学发展环境。这反映出中坚城市在科学基础设施建设与科学文化氛围营造等需要长期投入的科学工作方面存在不足，有待进一步夯实全社会的科学生态基础，培育科技创新实力后劲。随着我国经济转向高质量发展阶段，前两类城市经济发展速度减缓，中坚城市成为我国经济发展增量。应持续落实人才建设与科学教育工作、充实人才储备，并进一步拓展特色产业和新兴产业的竞争优势，让中坚城市成为落实创新改革试验、推进技术转移落地、延伸高新技术产业和新兴产业带的落脚点，深度融入区域科技创新体系，打造全国创新网络的区域节点。

部分科学素质高质量发展中坚城市属于科技基础相对薄弱但具备区域辐射能力的区域核心城市，如西南地区的省会昆明市、贵阳市等，近年来通过吸引投资和技术转移、落实产业结构升级等方式，在全国范围内经济和科技地位不断提升，在信息技术和数字基础等方面表现较为突出，新兴产业发展迅猛，形成区域内资源汇集与人才聚集的创新高地。应牢牢抓住数字经济发展机遇，以数字产业化和产业数字化推动产业结构优化，一方面发挥承接发达地区产业梯度转移的重要作用，另一方面汇聚地区科技创新资源、促进资源向外辐射，加强城市圈建设，推动地区经济社会协调和均衡发展。

部分科学素质高质量发展中坚城市具有良好的教育基础、科普基础和产业基础，但在经济和产业转型升级过程中面临人才留存、资金和政策支持、产业链配套等核心要素的条件限制，产业创新的内生动力相对不足，在全国范围内经济与科技相对比重呈整体下降趋势，典型代表为长春市和哈尔滨市。从单项指标排序来看，这类城市大多工业基础深厚，教育文化资源相对丰富，仍保留着较强实力，但数字化建设、研发投入等相关指标排序较为靠后，暴露出产业结构偏"重"、传统支柱产业竞争力减弱、新兴产业发展不充分、缺乏经济和创新发展活力等问题。这类城市需要坚持深化改革开放，解决体制性机制性结构性问题，落实调整改造工作，优化营商环境，在充分发挥产业和教育基础优势的同时布局接续产业和新兴产业，增强经济发展后劲。

科学素质高质量发展中坚城市中大部分为经济发达和较发达地区的二三线城市，应进一步加强科学基础设施建设工作，通过对接区域内核心城市知识平台（如高校、科研院所、龙头企业研发中心）的科研成果，承接核心城市技术转移，提升本地产业科技含量和创新实力，在产业链发展中做到、做好创新成果落地工作，构建产学研用深度融合的科技创新体系。主攻应用研究、技术创新和成果转化等创新链后端环节，适度探索行业尖端科技研发，带动产业链提质、供应链优化，推进创新链和产业链、供应链深度融合发展，推动区域创新体系的构建和完善。

（四）科学素质高质量发展潜力城市

潜力城市包括 33 个城市，兰州市、株洲市、洛阳市、台州市、金华市、乌鲁木齐市、徐州市、扬州市、惠州市、滁州市、鄂尔多斯市、信阳市、九江市、淮安市、许昌市、宿迁市、常德市、呼和浩特市、龙岩市、赣州市、岳阳市、连云港市、阜阳市、湛江市、南阳市、驻马店市、茂名市、菏泽市、遵义市、宜宾市、周口市、商丘市、曲靖市。这些城市的科学素质高质量发展指数得分范围在 6.11~23.44 分，其中得分最高的为兰州市，排在百强城市第 48 位，得分最低的为曲靖市（见图 5-7）。在科学素质质量方面，潜力城市的得分范围在 14.26~44.06 分，其中得分最高的鄂尔多斯市排名第 67 位，得分最低的曲靖市排在第 100 位。在科学发展环境中，潜力城市得分范围在 2.66~20.74 分，得分最高的株洲市排名第 32 位，得分最低的曲靖市依旧排名第 100 位。在科技创新效能中，潜力城市得分范围在 0.48~13.84 分，得分最高的兰州市排名第 27 位，得分最低的周口市排在第 100 位。图 5-8 绘制了科学素质高质量发展潜力城市的气泡图，其中横轴反映科学素质质量得分，纵轴体现科学发展环境得分，气泡大小表现科技创新效能得分。从图中可以看出，除在各方面发展滞后的曲靖市以外，潜力城市在科学素质质量方面区分度较小。在科学发展环境指标中，潜力城市整体发展水平较低，绝对分差较小，但在该分类内部尺度上依旧呈现明显差距。在科技创新效能指标中，兰州市以绝对优势领先其他潜力城市，除该市以外，其他城市科技创新效能得分均不超过 10 分，指标排序也均在 40 名以外。但综合 3 个维度来看，在经济百强市中，潜力城市整体科学素质高质量发展程度相对较低，缺乏竞争优势。

作为经济百强城市，该梯队在我国全部城市中仍属于经济总体水平较高的城市，拥有具有一定竞争优势的产业体系和创新成果转化能力，以本地市级或省级高新区和科学技术中心为创新创业特色载体，培育发展出部分科技创新成果和高新技术企业。然而，放眼全国，这类城市往往并非区域内核心城市，在经济基础和政治地位上与前三类城市相差较大，科技创新体制机制

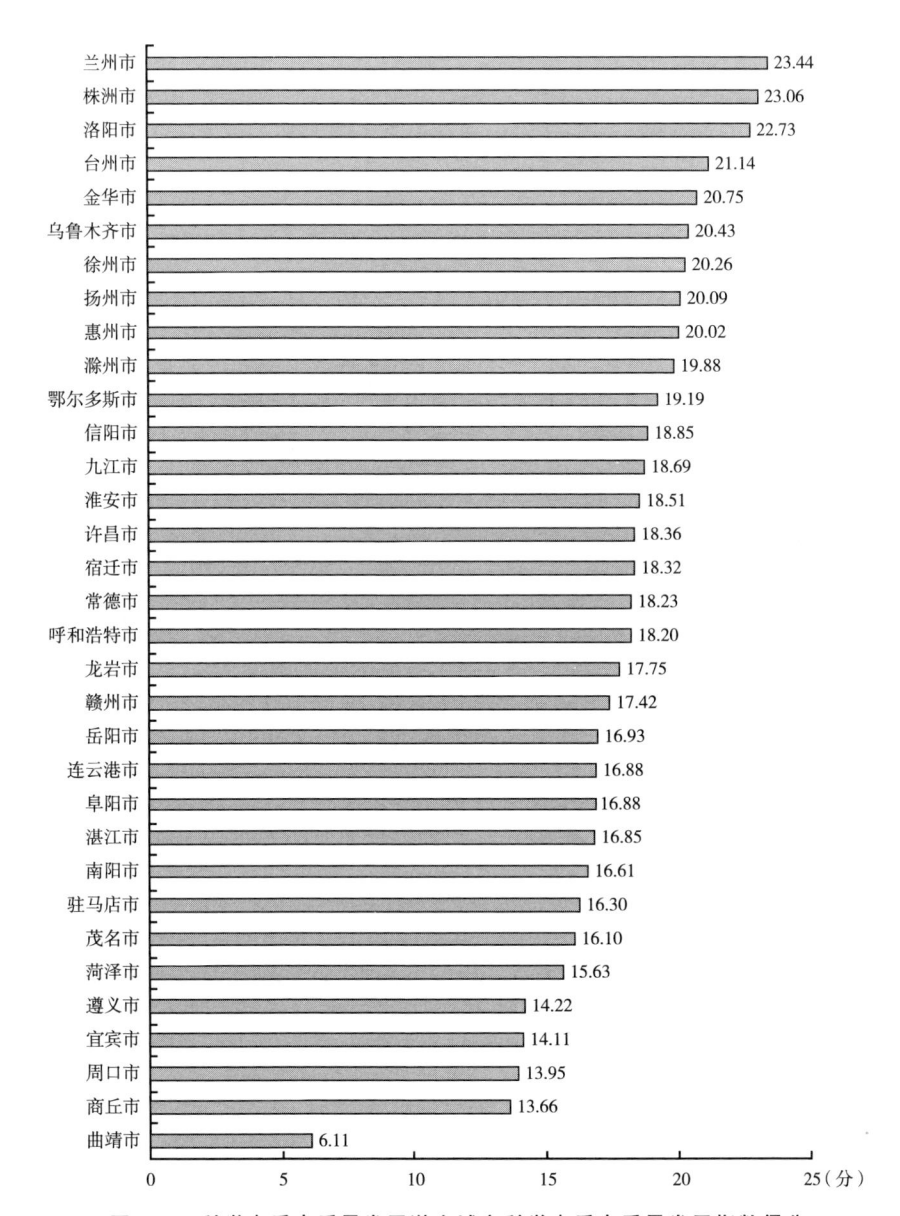

第五章 经济百强城市科学素质高质量发展评价

城市	得分
兰州市	23.44
株洲市	23.06
洛阳市	22.73
台州市	21.14
金华市	20.75
乌鲁木齐市	20.43
徐州市	20.26
扬州市	20.09
惠州市	20.02
滁州市	19.88
鄂尔多斯市	19.19
信阳市	18.85
九江市	18.69
淮安市	18.51
许昌市	18.36
宿迁市	18.32
常德市	18.23
呼和浩特市	18.20
龙岩市	17.75
赣州市	17.42
岳阳市	16.93
连云港市	16.88
阜阳市	16.88
湛江市	16.85
南阳市	16.61
驻马店市	16.30
茂名市	16.10
菏泽市	15.63
遵义市	14.22
宜宾市	14.11
周口市	13.95
商丘市	13.66
曲靖市	6.11

图5-7 科学素质高质量发展潜力城市科学素质高质量发展指数得分

尚不完善，因受制于管理体制机制，缺乏营造良好科技创新环境的配套政策，同时面临科技创新资源相对匮乏、科学研究资金和技术支持与平台支

公民科学素质高质量发展指数构建与评价

●兰州市	●株洲市	●洛阳市	●台州市	●金华市	●乌鲁木齐市	●徐州市
●扬州市	●惠州市	●滁州市	●鄂尔多斯市	●信阳市	●九江市	●淮安市
●许昌市	●宿迁市	●常德市	●呼和浩特市	●龙岩市	●赣州市	●岳阳市
●连云港市	●阜阳市	●湛江市	●南阳市	●驻马店市	●茂名市	●菏泽市
●遵义市	●宜宾市	●周口市	●商丘市	●曲靖市

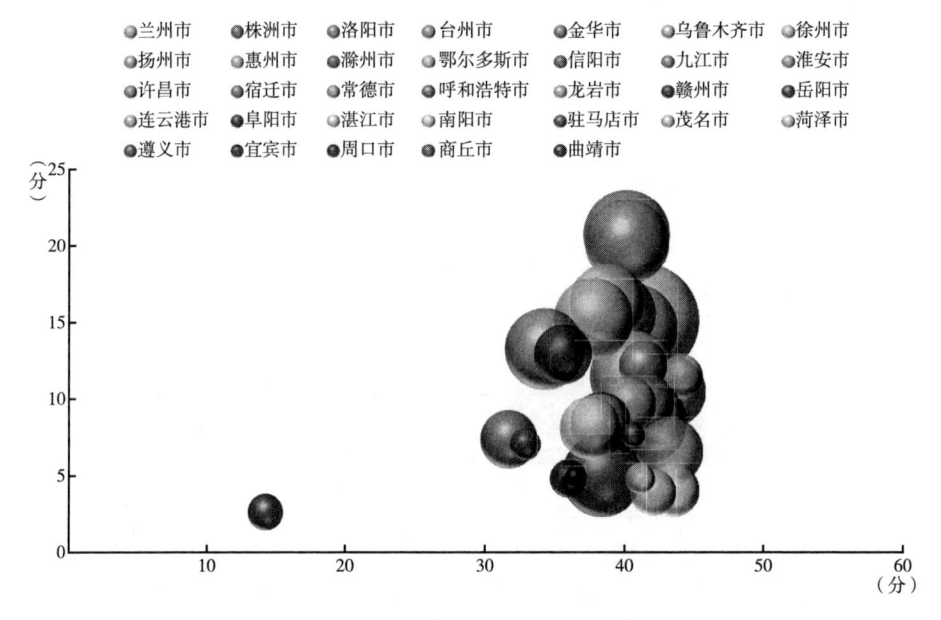

图 5-8 科学素质高质量发展潜力城市三维气泡图

力度较弱的问题，高层次人才与高新技术企业吸附能力弱，高层次人才和企业引不来、留不住的问题较为突出。由于缺乏优质高校与科研院所，高端优质人才引进和培育的长效机制不足，科研基础相对薄弱，科技成果转化不够顺畅，公民科学素质比例相对较低（比例在 7%~13%），难以支撑高新技术产业体系化规模化发展，总体而言处在尚未激发城市科技创新活力的阶段。

对于科学素质高质量发展潜力城市，其科技创新的重点应落在通过协同发展明确城市产业定位、加强高素质人才后备军培养工作、推动合作共享促进人才和技术资源流动等方面。科学素质高质量发展潜力城市通常不具有区域核心城市的政治经济地位，在科技创新资源方面相对优势不明显，对于尖端企业和人才吸引力不足。高新技术产业的发展与创新成果落地离不开人才基础的支撑，为切实落实创新发展策略，科学素质高质量发展潜力城市必须建立人才培养长效机制，丰富教育资源，加强科普能力建设，推动教育和科普工作与科技创新、经济社会发展各环节紧密融合，培养造就具备科学素质的劳动力队伍。同时积极承接经济技术发达地区创新资源转移，与区域内外发达地区共建产业创新中心，努力"借巢引凤"，以合作和建设"创新飞地"等研究院所分支与研究平台等方式利用国内外顶尖科研人才和资源，为本地注入创新活力。对于本地缺少成规模的高新技术产业与拥有尖端科技的龙头企业问题，应把握时代发展趋势，面向新兴产业和信息化潮流，以产业数字化、数字产业化为导向，通过科技创新支撑传统优势产业改造升级，发展线上经济、数字内容、软件和信息技术等；同时推动跨区域产业链上下游协同发展，培育和壮大创新型产业集群和企业，支持创新型中小微企业成长为创新重要发源地，形成以企业为主体、市场为导向、产学研深度融合的科技创新体系，推动大中小企业与各类主体融通创新。

科学素质高质量发展潜力城市整体呈现以下主要特征。

科学素质高质量发展潜力城市数量较多，具有一定经济基础和科技创新基础，有一定的创新能力和技术密集型产业，但整体来看尚未步入创新驱动发展阶段，创新型产业先进性与规模化程度不足，仍需进一步加强科技建设，充分培育创新能力。

在百强城市中，潜力城市的科学发展环境基础和科学技术资源相对较弱，从科学素质高质量发展指标来看，特别是在研发资源和投入方面与前三类城市存在较大差距，缺乏尖端科技创新平台、高校和科研院所，也难以吸引顶尖人才落户。潜力城市缺乏区位核心城市的能级优势，在落实创新发展战略过程中应扬长避短，集中力量整合提升一批既有的关键技术平台，支持本地企业和研究机构联合区域内外行业龙头企业、高等院校、科研院所和行业上下游企业，共建产业创新中心，通过将自身嵌入区域和国家产业链、供应链、创新链寻求发展机会。

三 加强科学素质高质量发展的区域协同

前文对经济百强城市的科学素质高质量发展指数进行了深入分析，结合聚类分析将百强城市划分为四类，探讨了不同类别城市在创新能力建设中的特征与面临的问题，总体来看，前三类城市处于科技创新发展逐步深入阶段，而潜力城市尚处于创新发展的基础夯实阶段。随着工业化和信息化发展进程，当前创新中心建设需要依托的已不仅仅是一市一城，而更可能需要通过一个省份乃至区域内部的充分协同来实现。因此，有必要结合区域发展路径进一步对城市科学素质高质量发展情况进行分析和探讨。城市群是城市发展到成熟阶段的最高空间组织形式。通过协同创新，城市群能够建立在全球范围内竞争的自我延续的创新生态系统，有助于促进知识等创新资源流动，激励更多创新成果的出现，推动区域协同发展。在创新合作中，城市群实现了区域内知识传递和创造，推动本地知识基础多样化，连接外部资源和知识与技术要素，通过密集、平衡的知识交换弥补本地资源和能力的不足，建立有效的知识流动结构。因此，有必要超越城市和省份的界限，从区域城市群角度对创新能力和创新生态建设进行分析，本部分选取了我国京津冀、长三角和珠三角三大城市群作为分析对象。《中华人民共和国国民经济和社会发展第十四个五年规划和2035年远景目标纲要》中提到城镇化战略格局涉及19个城市群，根据城市群发展的不同情况被归纳为"优化提升""发展壮大""培育发展"三个类别，被列为第一类"优化提升"的城市群包括京津冀、长三角、珠三角、成渝和长江中游城市群。并特别强调以京津冀、长三角、粤港澳大湾区为重点，提升创新策源能力和全球资源配置能力，加快打造引领高质量发展的第一梯队。这凸显出三大城市群在我国城镇化发展战略中发展水平最高、创新驱动能力最强。接下来，本部分以京津冀、长三角、珠三角三大城市群为研究对象，探讨三大区域科学素质高质量发展的总体情况及主要特征。

根据《"十三五"时期京津冀国民经济和社会发展规划》，京津冀城市群包括北京、天津两个直辖市，河北省的保定市、唐山市、廊坊市、石家庄市、秦皇岛市、张家口市、承德市、沧州市、衡水市、邢台市、邯郸市，以及河南省安阳市，总共14个城市。长三角地区广义上包括上海、浙江、江苏、安徽三省一市，但"长三角城市群"特指上海市，江苏省南京市、无锡市、常州市、苏州市、南通市、扬州市、镇江市、盐城市、泰州市，浙江省杭州市、宁波市、温州市、湖州市、嘉兴市、绍兴市、金华市、舟山市、台州市，安徽省合肥市、芜湖市、马鞍山市、铜陵市、安庆市、滁州市、池州市、宣城市27个城市，因此在对长三角城市群进行分析时，属于长江三角洲地区但不属于长三角城市群的城市不纳入分析范围。珠三角城市群这一提法近年来逐渐被粤港澳大湾区所取代。根据《粤港澳大湾区发展规划纲要》，这一地区主要城市包括香港特别行政区、澳门特别行政区和广东省广州市、深圳市、珠海市、佛山市、惠州市、东莞市、中山市、江门市、肇庆市，其中除香港、澳门特别行政区之外的9个城市被称为珠三角9市。本研究未将香港和澳门特别行政区纳入分析，只探讨珠三角9市构成的珠三角城市群。

作为引领我国创新发展和城镇化战略格局的三大城市群，京津冀、长三角和珠三角立足新发展阶段、践行新发展理念、构建新发展格局，承担着支撑高质量发展的动力源、促进双循环的主引擎、参与全球竞争的大平台的关键角色。三大城市群以追求一体化发展为城市群建设的共同目标，以创新引领高质量发展为根本导向，但在一体化进程和创新活动协调发展方面各有其特点。分析不同城市群在创新能力建设中的特征和城市间的协调性，有助于我们进一步探讨区域创新生态系统的发展方式和机制。表5-7呈现了科学素质高质量发展划分的城市梯队中京津冀、长三角和珠三角三大城市群的城市分类情况。

表5-7 三大城市群科学素质高质量发展城市梯队分类

单位：分

城市群	中心城市	次中心城市	中坚城市	潜力城市	平均指数得分
京津冀	北京市	天津市	石家庄市、唐山市、廊坊市、邯郸市、保定市、沧州市	—	32.73
长三角	上海市、杭州市、南京市	苏州市、合肥市、宁波市、无锡市、芜湖市	常州市、嘉兴市、南通市、绍兴市、镇江市、温州市、湖州市、泰州市、盐城市	台州市、金华市、扬州市、滁州市	32.16
珠三角	深圳市、广州市	珠海市、佛山市	东莞市、中山市、江门市	惠州市	34.11

（一）三大城市群科学素质高质量发展的模式与特征

京津冀地区是以首都为核心的世界级城市群、区域协同发展改革引领区、全国创新驱动经济增长新引擎、生态修复环境改善示范区。自2015年制定《京津冀协同发展规划纲要》以来，京津冀协同发展迈出坚实步伐，区域内政策互动、资源共享、市场开放被纳入体系化、全局性设计中，区域营商环境持续优化，产业对接和创新协作不断深化，产业联动发展态势日益显现，创新动能持续增强，高质量发展稳步推进。在京津冀协同发展战略下，制定实施了《北京加强全国科技创新中心建设重点任务实施方案（2017—2020年）》，不断强化和发挥北京市原始创新策源地作用，推动北京市科技创新资源辐射外溢。2014~2022年，北京市输出到津冀两地的技术成交额累计超过1760亿元，年均增长率逾两成，中关村企业在津冀两地设立分支机构累计9000余家。天津滨海—中关村科技园成为京津两市重要合作平台，累计注册企业突破3000家，其中北京市企业占新注册企业的1/3，科技型企业占40%。截至2021年末，河北累计承接京津转入基本单位4万个，其中北京市转入约3.2万个，占比近八成。尽管如此，京津冀城市群内部城市发展仍存在巨大差异，从创新驱动发展进程来看，北京市、天津市和河北省各市处在不同发展阶段，城市群内产业与创新资源分布不均，发展协调程度有待提升。根据百强城市科学素质高质量发展指数和城市聚类分析结果，京津冀城市群中有8个城市位列其中，并且都属于科学素质高质量发展前三梯队城市。北京市属于科学素质高质量发展中心城市，位居全国第一；天津市是科学素质高质量发展次中心城市；石家庄市、唐山市、廊坊市、邯郸市、保定市、沧州市6市属于科学素质高质量发展中坚城市。在科学素质高质量发展潜力城市中则没有京津冀城市群的城市。在京津冀城市群的14个城市中，进入科学素质高质量发展前三梯队的城市占比达57%。从科学素质高质量发展得分来看，百强城市中京津冀城市群8市平均科学素质高质量发展指数为32.73分，在三大城市群中排在中间。北京市作为排名全国第一的城市，得分接近90分，京津冀地区其他7个城市中没有得分在50分以上的城市，天津得分41.30分，其他城市得分均在30分以下，其中1座城市得分低于20分。这一指数得分情况直观反映出京津冀地区内部科技实力的差距。北京市在科学素质质量、科学发展环境、科技创新效能3个维度以及综合得分中均位列全国第一，与其他城市拉开较大差距，在京津冀城市群中同样拥有绝对核心的地位，在区域创新发展战略中成为唯一中心。同样具有直辖市地位的天津市科学素质高质量发展综合得分41.30分，位列百强城市第12，在科学素质质量、科学发展环境和科技创新效能3个维度中分别排在第13、第12和第12位。从经济总量来看，近年来天津市在城市中排名逐渐下滑，经济重要性相对下降，经济结构转换面临调整期，尽管其智能科技、生物医药、新能源、新材料等先进制造业取得了一定的发展成就，但整体创新能力与创新环境和区内核心城市北京仍有不小的距离。除北京市和天津市以外，京津冀城市群进入科学素质高质量发展前三梯队的城市还有6个，均属河北省，并且都属于第三梯队的中坚城市，按照科学素质高质量发展指数得分依次为石家庄市（28.28分）、唐山市（22.47分）、廊坊市（21.60分）、邯郸市（20.72分）、保定市（20.63分）、沧州市（18.73分），排在百强城市第29～78位。尽管城市排名存在较大差异，但这主要是由于数量众多的中坚城市在创新发展战略中尚未形成具有全国竞争力的独特竞争优势，创新能力区分度较小，从指数得分能够看出，这6个城市之间综合创新实力未显现出明显差别，与第一、第二梯队城市，特别是与区内核心城市北京差距巨大。京津冀城市群中城市间经济和科技创新发展差异明显，呈现区内资源分布和创新能力"单核"集中的局面。截至2020年，京津冀地区有国家重点实验室154家、国家级科技创新中心85家，但80%以上分布在北京。这一单核发展特征也反映在地区发展规划中。京津冀区域协同发展规划格外强调北京的核心地位，指出京津冀协同发展的主要目标是有序疏解北京非首都功能，这使得京津冀地区的发展围绕北京开展。并且，天津和河北在承接北京技术输出方面存在困难，经济发展动力转换接续矛盾日益凸显。

长三角地区是我国经济最为发达的地区之一，也是我国区域一体化水平最高、创新能力最强的城市群，范围包括三省一市（上海、江苏、浙江、安徽)的27个城市,以打造长三角科技创新共同体为目标,迈向世界级产业集群,打造区域一体化协同创新体制机制,努力建成具有全球影响力的科技创新高地。长三角地区拥有丰富的人才资源、坚实的科创底蕴,这一区域科教资源丰富,坐拥全国约1/4的"双一流"高校、国家重点实验室、国家工程研究中心,研发经费投入总量和高新技术企业数量占近1/3;发明专利授权量和国家级科技企业孵化器占比超过全国1/3。上海作为科技创新中心龙头发挥引领作用,苏浙皖三省各有所长,经济实力与科技创新基础雄厚,通过探索建立跨区域协同创新的合作机制,联合构建跨学科、跨领域、跨区域的若干创新联合体,实现项目、人才、基地、资金一体化配置,促进产业基础高级化和产业链现代化。在经济百强城市中,长三角城市群占据21个。根据科学素质高质量发展城市类别划分,8个科学素质高质量发展中心城市中有3个(上海市、南京市、杭州市)属于长三角;19个科学素质高质量发展次中心城市中有5个(苏州市、合肥市、宁波市、无锡市、芜湖市)属于长三角;40个科学素质高质量发展中坚城市中有9个(常州市、嘉兴市、南通市、绍兴市、镇江市、温州市、湖州市、泰州市、盐城市)属于长三角;33个科学素质高质量发展潜力城市中有4个(台州市、金华市、扬州市、滁州市)属于长三角。位列科学素质高质量发展前三梯队的长三角城市达17个,占长三角城市群城市的63%。从科学素质高质量发展综合得分来看,长三角城市群入选百强城市的21个城市平均指数得分32.16分,在三大城市群中略低,但这与长三角城市群规模最大、入选百强城市最多不无关系。在进入科学素质高质量发展分析范围的21个长三角城市中,得分在60分以上的有1个城市,得分在40~60分的有4个城市,得分在20~40分的有15个城市,得分在20分以下的有1个城市。可以看出长三角地区的城市发展阶段区分度明显,科技创新实力呈"一超多强"的局面,城市间形成"雁阵式"有序发展的梯队。长三角地区创新策源能力强,资源集约利用水平和整体经济效率高,创新链产业链融合发展速度不断加快,是我国最有条件率先实现高质量发展的区域之一。在整体具有科学素质和科技基础的前提下,长三角城市群中各城市的雁阵式发展阶段,有利于形成从研发到生产再到向周边辐射扩散的完整产业链延伸过程。上海市具有国际领先的创新策源力，成为长三角地区的创新中心极。杭州市和南京市同属科学素质高质量发展中心城市，作为江浙两省的省会城市，起到省内发展中心的作用，两市一南一北形成以上海为首的"雁阵"发展的两翼，凭借全国领先的科教基础、研发能力和创新成果转化力，紧随上海共同形成了汇聚资金、人才、技术、信息等顶尖创新资源、创新要素高度聚集又自由流动的创新城市集群。在科学素质高质量发展中心城市之后，苏州市、合肥市、宁波市、无锡市、芜湖市等科学素质高质量发展次中心城市均为长三角地区三省省内创新发展的重要城市，具有人才储备雄厚、工业基础完备、拥有规模化高新技术产业等优势。在中心城市与次中心城市之后，科学素质高质量发展中坚城市依托发达的交通运输体系、完整的生产部门等优势，不断承接中心城市和次中心城市的产业转移，逐步形成和融入分工合理、优势互补、各具特色的协调发展体系中。在经济新常态背景下，中心城市整体经济增速放缓，部分次中心城市增长速度也由高速增长逐渐转向中高速增长，加快产业转型步伐，寻求新的增长空间。由于较高的区域一体化程度和协同发展战略，长三角城市群中的中坚城市成为承接中心城市企业和技术转移的主要地区，这一发展也进一步带动了城市科创力量的发展和区内产业链协同水平的提升。例如，中芯、华虹等部分龙头企业在绍兴市、宁波市、嘉兴市等落实跨区域布局；截至2021年11月，长三角三省一市相互间的技术交易合同输出1.4万项，交易额540多亿元。长三角城市群的潜力城市在区域内创新竞争力相对不足，但同样具有独特的经济竞争力，经济较发达，生产能力强，民营经济活力强，拥有巨大的科技发展潜力，有望在未来成为科技创新发展的新高地。如台州市被称为"制造之都"，拥有31个工业行业大类，产业体系完备，十分利于承接上游产业链的产业转移和创新成果落地。总体来看，长三角城市群内部的发展阶段分布较为合理，城市间协同程度较高，便于产业链延伸和创新成果转移，但高新技术产业一定程度上呈现以上海市、杭州市、南京市为核心的"中心—外围"分布特征，距离三大中心城市较远的城市受到的创新辐射相对不足，部分城市生产效率仍有较大提升空间。

在未来发展中应进一步加强区域内资源整合，提高次中心城市的独立创新能力，促进区域内产业合理布局和分工，以多核带动区域高质量发展。

珠三角城市群经济发展水平全国领先、产业体系完备、集群优势明显、经济互补性强。珠三角9市依托优势地理位置，面向港澳，充分利用国际国内两个市场、两种资源，瞄准世界科技和产业发展前沿，加强创新平台建设，创新驱动发展战略深入实施，创新要素高度聚集，科技研发、转化能力突出，已基本形成以战略性新兴产业为先导、先进制造业和现代服务业为主体的产业结构，具备建设国际科技创新中心的良好基础。珠三角城市群以建成全球科技创新高地和新兴产业重要策源地为目标，以确立"区域发展更加协调、分工合理、功能互补、错位发展的城市群发展格局"为目标。计划到2035年，形成以创新为主要支撑的经济体系和发展模式，经济实力、科技实力大幅跃升，国际竞争力、影响力进一步增强；区域发展协调性显著增强，对周边地区的引领带动能力进一步提升。在科学素质高质量发展城市分类中，珠三角城市群拥有深圳市、广州市2个中心城市，珠海市、佛山市2个次中心城市，东莞市、中山市、江门市3个中坚城市，以及1个潜力城市惠州市。珠三角9市中，8个城市位列全国百强城市，位列科学素质高质量发展前三梯队的达到7个，占珠三角城市群的78%。从科学素质高质量发展指数来看，珠三角城市群入选的8个城市平均指数得分34.11分，在三大城市群中位居第一，反映出珠三角城市群整体具有很强的科技创新实力，这与该城市群城市数量最少有一定关系。在珠三角城市群中，没有指数得分在60分以上的城市，得分在50~60分的城市有2个，分别为深圳市和广州市；得分在30~50分的城市有1个，为珠海市；得分在20~30分的城市有5个，分别为东莞市、佛山市、中山市、江门市和惠州市。从城市排序与指数得分来看，珠三角城市群的发展阶段差异较小，排在第一的核心城市与排在第二的城市间指数得分相差5.89分，明显小于京津冀地区前两个城市46.85分和长三角地区前两个城市16.03分的分差。珠江三角洲地区城市创新发展水平和协调程度高，创新研发能力强、运营总部密集的深圳市和广州市"双核"带动区域创新发展，利用珠海市、佛山市、东莞市、惠州市、中山市、江门市等地产业链齐全的优势不断拓展创新链和产业链,培育发展战略性新兴产业和未来产业。珠三角城市群产业部门完备,方便利用港澳的资金和技术,加工出口的外贸结构使得该地区易于融入全球价值链分工,广州市、深圳市拥有丰富的科研资源优势和高新技术产业基础,珠海市、佛山市等拥有上下游联系紧密的先进装备制造产业带,东莞市等在电子信息等行业领域逐步打造具有全球影响力和竞争力的先进制造业产业集群。近年来,珠三角城市群积极发展先进制造业和数字经济,不断挖掘新的经济增长点,推动生物技术、高端装备制造、新一代信息技术等产业发展壮大,在新一代通信技术、5G和移动互联网、生物医药、新型健康技术、高端医学诊疗设备、智能机器人等重点领域培育出一批重大产业项目,经济活力和创新能力不断增强。随着发展协同性不断增强,珠三角城市群正联合打造一批产业链条完善、辐射带动力强、具有国际竞争力的战略性新兴产业集群,加快形成以创新为主要动力和支撑的经济体系。同时,珠三角区域较小的发展差异使得城市间存在同质化竞争问题,高度聚集的研发资本投入呈现边际收益递减效应,而区内核心城市的创新能力与其他城市差距较小也意味着能够发挥的创新引领作用不够明显。

(二)进一步提高城市群创新覆盖度,增强域内发展协调性

对京津冀、长三角、珠三角三大城市群进行横向比较,分别从城市群整体创新能力和城市群内部发展协调性展开分析。首先,对京津冀、长三角、珠三角三大城市群的创新资源和成果指标进行比较,这一分析不仅限于城市群中属于百强城市的部分,而是对城市群整体进行指标测算。鉴于三大城市群城市数量、经济规模和人口规模等都存在差异,仅采用比例性指标进行对比。从研发资金投入来看,2019年京津冀、长三角、珠三角三大城市群人均R&D经费支出分别为2955.88元、3217.98元和1293.08元,R&D经费占地区生产总值比重分别为3.77%、2.65%和2.53%,京津冀地区和长三角地区投入力度更大,而珠三角城市群在科技研发方面的投入则相对较小。从创新产出成果来看,2020年京津冀、长三角、珠三角三大城市群每万人分

别拥有29.93件、59.36件和36.20件授权专利，每万人发明专利数量则分别为6.78件、7.42件和3.93件，长三角城市群优势明显。从创新主体来看，京津冀和长三角城市群主体数量明显多于珠三角城市群，以高校为例，京津冀和长三角两地分别有31所和24所重点高校（"985"和"211"高校），而珠三角城市群则仅有4所；截至2021年，京津冀和长三角城市群分别有产值超过10亿美元的独角兽企业63家和67家，而珠三角城市群相应企业不足30家。但在市场竞争力方面，珠三角城市群的企业表现更为突出。2020年，京津冀、长三角、珠三角城市群上市高新技术企业年平均营业收入分别为47亿元、35亿元和52亿元；独角兽企业估值中位数分别为96.8亿元、104.5亿元和127亿元。但京津冀地区（主要是北京市）整体对外技术辐射规模远超长三角和珠三角地区。2020年京津冀地区对外输出技术成交额达7960.8亿元，其中北京市达到6316.2亿元；而长三角三省一市全部对外输出技术成交额5733.9亿元，上海市对外输出技术成交额1583.2亿元；珠三角城市群所在的粤港澳大湾区对外输出技术成交额3285.4亿元。京津冀地区技术辐射能力在三大城市群中格外突出，珠三角城市群所属的粤港澳大湾区技术交易市场则有待进一步开发。另外，粤港澳也是三大区域内唯一吸纳技术超过输出技术的地区。2020年，粤港澳对外输出技术成交额3285.4亿元，小于吸纳技术的成交金额4544.5亿元。而同期京津冀地区吸纳技术成交额4452.3亿元，长三角三省一市吸纳技术成交额5686.3亿元，都低于输出技术成交额。结合珠三角城市群高新技术企业产值更高的特点来看，这反映出珠三角地区在创新链中的发力点主要集中在终端，即实现创新技术落地和产业化的环节，但在科技知识积累和尖端科技开发等创新链前端环节，较京津冀地区和长三角地区竞争力稍显不足。从宏观产业结构来看，长三角地区和珠三角地区高新技术产业对工业发展和经济发展的贡献更为明显。在京津冀地区，2021年北京高新技术产业增加值占地区生产总值的比重为27%；天津高新技术制造业占规模以上工业增加值的比重为15.5%；河北高新技术产业增加值占规模以上工业增加值的比重为21.5%。在长三角地区，尽管长三角城市群27市的相应数据难以查找，但基于广义范围的长三角三省一市数据，能看出高新技术产业已成为长三角地区经济发展的重要支柱。2020年，上海高新技术产业总产值为15087亿元，占地区生产总值的比重为39.54%，2021年战略性新兴产业占全市规模以上工业总产值的比重达到40.6%；江苏高新技术产业产值占规模以上工业企业（以下简称"规上工业"）总产值的比重达47.5%，战略性新兴产业产值占规上工业的比重达39.8%；浙江高新技术产业增加值占规上工业增加值的62.57%；安徽全省高新技术制造业增加值占规模以上工业增加值的45.7%。珠三角城市群所属的广东省，2021年全省高新技术制造业增加值占规模以上工业增加值的比重达29.9%。2022年上半年，珠三角9市先进制造业和高技术制造业增加值占规模以上工业增加值的比重分别达55.9%、33.1%。从珠三角城市群中的部分城市来看，2020年东莞市先进制造业、高新技术制造业增加值占规上工业增加值的比重分别达50.9%、37.9%。2022年，惠州市规模以上高新技术制造业增加值占全市规上工业的比重为39.1%，规模以上先进制造业增加值占全市规上工业的比重为65.9%。横向比较可以看出，京津冀地区高新技术产业比重明显低于长三角和珠三角地区，创新驱动产生的效果不够明显。

其次，为比较区内发展协调程度，我们计算了三大城市群的"城市群创新覆盖度"——城市群内进入科学素质高质量发展前三梯队（中心城市、次中心城市、中坚城市）的城市占比。这一比较是为了对比三大城市群进入国内创新发展中高阶段的城市比重，反映三大区域创新资源、创新活动和创新能力分布的相对均衡程度。进入科学素质高质量发展前三梯队的城市比重越大，即该城市群拥有一定创新实力的城市比例越高，区域内创新资源分布越均衡，区域创新系统内部协同性越高。在京津冀城市群14市中，进入科学素质高质量发展前三梯队的城市有8个，占比57%。长三角城市群27市中，位列科学素质高质量发展前三梯队的城市有17个，占比63%。珠三角9市构成的城市群中，进入前三梯队的城市有7个，占比78%，在三大城市群中排名第一，城市群创新发展协同性最高，绝大多数城市都已拥有全国范围内中坚城市及以上的创新地位。从城市群内部科学素质高质量发展指数得分来看，京津冀、长三角、珠三角城市群中科学素质高质量发展指数排行榜中的城市，排序相邻两市最大分差分别为 46.85 分、16.03 分和 16.46 分，城市间指数得分差异性最大的是京津冀地区，进入榜单的 8 个城市指数得分标准差为 23.55，珠三角指数得分标准差为 14.28，长三角指数得分标准差最低，为 13.21。京津冀内部发展不均衡性远高于其他两个城市群。总体来看，长三角城市群和珠三角城市群创新发展水平更高，内部发展程度更为协调，而京津冀地区在整体创新能力上有待提升。长三角和珠三角城市群在区域创新能力不同的成果性指标上各有优势，京津冀城市群拥有更多创新主体，北京市创新辐射能力领先全国。在区内发展协调性方面，京津冀城市内部差距较大，长三角和珠三角城市群协同发展水平高，珠三角城市群创新覆盖度最高，长三角发展阶段相邻城市间差异最小。

上述分析也能够与其他学者的研究相互印证。对我国三大城市群的研究中，绝大多数研究均将京津冀整体创新能力和协同性排在第三。而对于长三角和珠三角城市群创新能力与内部协调性的研究，则根据指标设定，出现不同的排序。由首都科技发展战略研究院、中国社会科学院城市与竞争力研究中心和北京师范大学创新发展研究院联合发布的《中国城市科技创新发展报告（2022）》对中国 19 个城市群的科技创新发展水平进行了分析计算，发现珠三角城市群指数得分最高，为 0.8143；长三角城市群指数得分排在第二，为 0.6599；京津冀城市群位列第三，为 0.5453。以城市科技创新发展指数标准差来衡量城市群内部差异，长三角城市群内部城市差异最小，京津冀城市群内部城市差异最大，珠三角则排在中间。叶堂林等人的研究使用超效率 BCC 模型对我国三大城市群整体效率进行测度，并对城市群内部创新效率差距变化开展分析，认为三大城市群创新效率排序中，长三角、珠三角城市群竞争激烈，京津冀城市群潜力有待进一步开发；京津冀城市群内部创新效率差距过大，而珠三角城市群内部创新效率差距过小，适度扩大有助于提升整体创新效率，而长三角城市群介于二者之间，内部差异比较适度。

总体来看，三大区域引领我国科技创新发展，呈现不同的发展模式与特征。从城市群创新覆盖度来看，京津冀区域内创新体系有待进一步成熟，分工体系协调性需进一步加强。从高新技术产业比重和技术输出来看，北京市自身发展较好，但对区域辐射作用不够，未能充分发挥创新中心城市的带动作用，引领区内其他城市加速落实产业优化升级；天津市应加快布局战略性新兴产业，推动产业转型，提高科技创新实力，使得自身能够有效衔接北京市和河北省的产业转移与延伸；河北省各城市应明确发展方向，提高生产效率，强化与京津两市产业链和创新链对接，实现产业有序转移和承接，不断优化产业结构。长三角城市群是三大城市群中城市数量最多的区域，具有整体创新实力强、区域一体化程度高、创新链上下游完整、高新技术产业占比大的优势。从城市群创新覆盖度、每万人发明专利数量和高新技术产业占规上工业增加值比重等指标来看，长三角城市群经济发展中创新驱动性日益明显，技术密集型的战略性新兴产业和高新技术产业在经济中的分量不断提升，以发明和专利为代表的创新成果持续涌现，在创新链前端具有国内领先的创新效率，城市间科技创新实力呈梯度式有序分布，处于不同发展梯队的城市数量与区域产业链发展需要较匹配，并且城市间发展差距较小，基本形成空间布局合理、产业链有机衔接、生产要素优化配置的发展格局。在今后发展中，需进一步强化上海在国内外的科创中心地位，增强辐射带动能力，加强安徽和浙江的区域创新次中心城市力量，加密区域创新节点城市，优化中坚城市产业结构，推动区内边缘城市加速融入产业链、创新链、人才链、资金链的融合发展中，构建更高水平的区域创新生态。珠三角9市中，有7个城市进入科学素质高质量发展前三梯队，城市群创新覆盖度最高，整体创新能力强，城市间发展差异小，市场活力旺盛，在创新成果落地和普及的创新链后端具有竞争优势，创新链和产业链实现了较高水平的融合，发挥出巨大创新协同效能成为我国乃至世界科技创新发展的高地。相较于其他两个城市群，珠三角城市群核心城市广州和深圳创新引领能力不够突出，对区内和其他地区技术辐射能力有待进一步提升。在创新链前端的前沿知识和发明专利开发环节，珠三角需要继续激发内生性创新驱动力，提升地区基础创新能力，促进区域协调发展。

四 与其他城市排名的比较分析

为进一步验证科学素质高质量发展指数城市排名和类型划分的可靠性，我们选取了衡量城市科技创新实力较权威的指数排名，结合科学素质高质量发展指数的结果进行比较分析，包括国家科技中心城市指数、中国城市科技创新发展指数和中国城市硬科技指数。

"国家科技中心城市指数"出自中国社会科学院研究机构联合《华夏时报》自2018年起每年发布的"国家中心城市指数"，针对政治、金融、科技、交通、教育、医疗、文化、信息、贸易、国际交往十大城市功能，对中国大陆地区的25个重要城市样本进行指标化测算，用于测度国家中心城市的综合服务能力，并对潜在国家中心城市进行排名。2020年，"国家中心城市指数"将北京列为国家综合中心，上海、广州、深圳列为国家重要综合中心，武汉、成都、西安、重庆、杭州、南京、天津和郑州列为潜在国家重要中心。在科技方面，该报告也单独列出了国家科技中心城市排名。其中北京位列第一，独属第一档"国家科技中心"，上海、武汉、广州、深圳分列第2~5位，属于第二档"国家重要科技中心"，杭州、重庆、西安、成都、南京、天津、合肥分列第6~12位，属于第三档"国家潜在科技中心"。"中国城市科技创新发展指数"出自首都科技发展战略研究院和中国社会科学院城市与竞争力研究中心联合发布的《中国城市科技创新发展报告2020》。该报告对中国289个地级及以上城市的科技创新发展水平进行测度与评估，指标体系包括4个一级指标（创新资源、创新环境、创新服务、创新绩效），10个二级指标（创新人才、研发经费、政策环境、信息环境、创业服务、金融服务、科技产出、经济发展、绿色发展、辐射引领），其下设置了21个三级指标。根据这一报告，2020年中国城市科技创新发展指数排名前20的城市依次为北京、深圳、上海、南京、杭州、广州、苏州、武汉、西安、天津、珠海、无锡、合肥、成都、长沙、厦门、宁波、青岛、济南、常州。"中国城市硬科技指数"出自亿欧网、中国科学院大学经济与管理学院、华为、西安市硬科技产业发展服务中心联合发布的《2020中国硬科技创新白皮书》，其中"中国城市硬科技发展"篇章从科研人才、硬科技投入、高新技术产出、硬科技企业、科技创新环境五个方面对现阶段中国城市硬科技创新进行了排名。北京市以84.04分的硬科技指数高居榜首，上海、深圳以50.48分、42.92分分列第2、第3位，广州、西安、武汉、杭州得分分别为39.46分、35.83分、34.58分、32.99分，排在第4~7位，其他城市指数得分均在30分以下。为直观地对上述三个指数的城市排名和科学素质高质量发展指数的城市排名进行比较，表5-8列出了四个指数排名前20位的城市。其中，国家科技中心城市指数只对12个城市进行了排名，因此12名以后的城市空缺。

表5-8 科学素质高质量发展指数城市排名和其他指数城市排名

城市排名	科学素质高质量发展指数	国家科技中心城市指数	中国城市科技创新发展指数	中国城市硬科技指数
1	北京	北京	北京	北京
2	上海	上海	深圳	上海
3	深圳	武汉	上海	深圳
4	武汉	广州	南京	广州
5	杭州	深圳	杭州	西安
6	广州	杭州	广州	武汉
7	南京	重庆	苏州	杭州
8	西安	西安	武汉	合肥
9	苏州	成都	西安	南京
10	成都	南京	天津	成都
11	合肥	天津	珠海	苏州
12	天津	合肥	无锡	东莞
13	珠海	—	合肥	济南
14	宁波	—	成都	长沙
15	无锡	—	长沙	天津
16	重庆	—	厦门	南昌
17	济南	—	宁波	无锡
18	福州	—	青岛	长春
19	太原	—	济南	重庆
20	长沙	—	常州	佛山

通过对不同指数的城市排名进行对比，我们发现科学素质高质量发展指数城市排名与其他关注科技创新发展的城市排名具有较强的一致性。在四个指数排名中，北京、上海、深圳三市排名整体稳定，都位列前五。其中北京市牢牢占据榜首，在各指数城市排名中稳居第一，并且从具体指数得分和分类来看，相较于其他城市具有明显优势——在科学素质高质量发展指数中，北京市得分88.15分，领先第二名18.96分；在国家科技中心城市指数中，北京是唯一被列入"国家科技中心"的城市，之后其他城市分别被归类为国家重要科技中心和国家潜在科技中心；在中国城市科技创新发展指数中，北京市得分0.874分，领先第二名0.094分；在中国城市硬科技指数中，北京市得分84.04分，领先第二名33.56分。上海市在三个指数排名中均位列第2，在中国城市科技创新发展指数中位列第3，并且其指数得分距离上一位的深圳（0.780分）十分接近。深圳市在中国城市科技创新发展指数中位列第2，在科学素质高质量发展指数、中国城市硬科技指数中均位列第3，在国家科技中心城市指数中位列第5，整体保持了较高的排位。除北京、上海、深圳以外，广州的排序也比较稳定，在科学素质高质量发展指数和中国城市科技创新发展指数中位列第6，在国家科技中心城市指数和中国城市硬科技指数中位列第4。可以看出，无论使用哪种评价指标体系，"北上广深"四个公认的一线城市在科技创新实力方面的表现都突出而稳定。在这四个城市以外，武汉、杭州、南京、西安在不同指数排序中都位列全国前10，整体实力表现稳定。从城市排序来看，科学素质高质量发展指数排名前10的城市中，8个城市同时出现在其他三个指数城市排名的前10位中。科学素质高质量发展指数排名前20的城市，除福州和太原外，均在其他指数城市排行榜中至少出现过一次。整体来看，科学素质高质量发展指数城市排名与其他较为成熟的城市科技排名相比，虽然在具体评价指标设定上有所差别，但对重要城市的整体科技创新发展位序判断相差不大。通过将其他指数的城市排序结果与本研究结果相印证，一定程度上也佐证了科学素质高质量发展中心城市名单的科学性。

在城市排名一致性之外，科学素质高质量发展指数也有自身的独特价值。科学素质高质量发展指数包括科学素质质量、科学发展环境和科技创新效能三个维度，区别于其他指数，该指数在采用通常使用的发明专利成果、论文数量、研发投入等相关衡量尖端科技创新投入和产出的指标之外，将广大公民群体的科学素质与社会整体科学环境纳入考量，在衡量尖端科技创新能力的同时也体现了社会整体生产效率和技术能力。不同指标体系的独特设定方式，最终都会体现在城市排名中。以武汉市为例，在科学素质高质量发展指数排名中，武汉市排在第4位，在国家科技中心城市指数、中国城市科技创新发展指数和中国城市硬科技指数中则分别排名第3、第8和第6位。在后两个指标体系中，武汉市排名相对较低，主要是由于这两个指数的指标设定更多关注创新服务、创新绩效和科技企业等相关指标，而武汉市在科技产业化发展方面相较于部分长三角城市得分相对较低。而在国家科技中心城市指数中注重学者论文合作、学术团队建设等指标，武汉因其优越的高校资源和学术成果，在这一指数中高居第3位。而在科学素质高质量发展指数的城市排序中，武汉市在高等院校数量、平均受教育年限、科学素质结构均衡性、每万人论文数量、发明专利数量和占比等指标中表现突出，但在研究经费、数字政府、科学素质增速等指标中排名相对靠后，综合来看排在第4位。再以珠海市为例，在科学素质高质量发展指数城市排名中其位列第13，但在国家科技中心城市指数、中国城市硬科技指数中都未上榜，而在中国城市科技创新发展指数中排名第11位。未被纳入国家科技中心城市指数排名，主要是由于该指数排序的城市较少，也因为该指数相对偏重学术创新投入和成果，珠海市在创新链前端发展水平相对不足，在这些指标中得分较低。中国城市硬科技指数对科技投入和科研人才较为关注，而珠海市高校数量少，研究人员与研究经费都相对不足，在这些方面得分难免偏低。中国城市科技创新发展指数更注重创新环境、创新服务等方面的评价，珠海市在创新链后端和营商环境方面的优势，使其排在第11位。而科学素质高质量发展指数兼顾对学术和知识产出（论文）的评价与作为创新成果市场化结果的新兴产业的评价，综合以上方面，最终珠海市排在第13位。整体来看，科学素质高质量发展指数在科学发展环境维度中纳入了社会整体科学氛围与教育资源方面的指标,在科技创新效能维度中纳入研究人员、研究经费、论文、发明、信息产业等创新活动投入和产出相关指标,同时在科学素质质量维度中对城市整体公民科学素质水平进行评价,形成了兼顾尖端前沿知识水平和新兴产业发展的指标体系,并通过对公民科学素质的关注加强了城市宏观科学素质基础在科技创新能力评价中的重要性,凸显了该指标体系聚焦"人"的因素的特点。将"国家中心城市指数"中的科技中心城市指数和中国城市科技创新发展指数与科学素质高质量发展指数的城市排名相印证,一致性方面佐证了科学素质高质量发展指标体系的科学性和结果的可靠性,而差异性又凸显了该指标体系的独特价值。通过横向比较分析,我们认为城市科学素质高质量发展指数既能够反映我国各类城市科技创新的总体状况,也更加关注公民科学素质建设与科学环境因素,这些要素为完善区域科技创新体系、推进高质量发展提供了坚实基础。我们希望通过对科学素质高质量发展指数长期的跟踪与评价,系统反映城市科学素质高质量发展的不同阶段和不同模式,促进区域创新发展,为加快实现高水平科技自立自强、全面建成社会主义现代化强国提供决策依据和理论支持。

五 小结

城市作为区域经济发展的主导和关键,选取全国经济百强城市作为科学素质高质量发展指数的评价对象,以更好地挖掘和分析不同发展水平城市的特征,探索结合自身特点和区域发展重点的创新发展路径,进一步明确城市科学素质高质量发展指数的有效性和指向性。

分析表明,公民科学素质助力高质量发展呈现四种不同的城市类型。第一类是科学素质高质量发展中心城市,分别是北京市、上海市、深圳市、武汉市、杭州市、广州市、南京市、西安市。这8个中心城市是我国创新资源集聚的高地和极具影响力的原始创新策源地,在国家创新体系建设中发挥着关键引领作用,在创新必需的各维度中均排在全国主要城市前列,在创新驱动发展战略中占据系统性优势地位,将为国家创新中心乃至全球创新中心建设提供坚实有力的支撑。第二类是科学素质高质量发展次中心城市，包括19个城市，分别是苏州市、成都市、合肥市、天津市、珠海市、宁波市、无锡市、重庆市、济南市、福州市、太原市、长沙市、芜湖市、郑州市、厦门市、青岛市、沈阳市、大连市、佛山市。科学素质高质量发展次中心城市主要分布在我国中西部地区的省会城市和核心城市以及东部发达地区的区域次中心城市。科学素质高质量发展次中心城市在我国科技发展与创新型国家建设过程中，作为枢纽发挥着聚集创新资源、推动区域一体化、推动协同发展的重要作用。第三类是科学素质高质量发展中坚城市，包括40个城市，主要由经济欠发达地区的核心城市和经济发达地区的二三线城市构成。加大对这些城市的科技创新投入，有利于重塑和延伸地区产业链、供应链、价值链，通过科技创新构建我国广大地区新发展格局，协调不同地区发展方式，打造全国创新网络重要节点。第四类是科学素质高质量发展潜力城市，包括33个城市，其具有一定的经济基础和科技创新基础，有一定的创新能力和技术密集型产业，但整体来看尚未步入创新驱动发展阶段，创新型产业先进性与规模化程度不足，仍需进一步加强科技建设，充分培育创新能力。

通过对京津冀、长三角、珠三角三大城市群进行科学素质高质量发展指数的横向比较，分析三大城市群的"城市群创新覆盖度"，结果表明，三大区域引领我国科技创新发展，呈现不同的发展模式与特征。从城市群创新覆盖度来看，京津冀区域内创新体系有待进一步成熟，分工体系协调性需进一步加强。长三角城市群具有整体创新实力强、区域一体化程度高、创新链上下游完整、高新技术产业占比大的优势。珠三角城市群创新覆盖度最高，整体创新能力强，城市间发展差异小，市场活力旺盛，在创新成果落地和普及的创新链后端具有竞争优势，创新链和产业链实现了较高水平的融合。

回顾科学素质服务和推动高质量发展的分析和阐释，从科学素质视角推动高质量发展提出如下建议：一是充分认识提升科学素质对于高质量发展的基础性支撑作用。研究表明，科学素质与高质量发展存在多线关联、多级传导的关系，公民科学素质的持续提升将明显促进科技创新能力提高、产业优化升级和社会文明程度提升，进而推动高质量发展。二是坚持以科技创新引领高质量发展。优化结构、提高效能是高质量发展的核心，在新一轮科技革命和产业变革中，唯有坚持科技创新才是推进高质量发展的根本道路。三是高质量发展存在多种模式和类型，因地制宜，利用好现有基础持续优化产业结构做好动能转化，也可通过发力前沿技术和优化科学文化环境，实现跃升式发展。四是应尝试从不同角度开展高质量发展的关联性评价，进一步强化对高质量发展规律的认识和把握。

参考文献

［1］董小君、石涛：《驱动经济高质量发展的科技创新要素及时空差异——2009—2017年省级面板数据的空间计量分析》，《科技进步与对策》2020年第4期。

［2］《国务院关于印发全民科学素质行动规划纲要（2021—2035年）的通知》，http：//www.gov.cn/zhengce/content/2021－06/25/content_5620813.htm，2021年6月25日。

［3］何薇、张超、任磊、黄乐乐：《中国公民的科学素质及对科学技术的态度——2020年中国公民科学素质抽样调查报告》，《科普研究》2021年第2期。

［4］刘会武、赵祚翔、马金秋：《区域高质量发展测度与创新驱动效应的耦合检验》，《技术经济》2021年第9期。

［5］马茹、罗晖、王宏伟、王铁成：《中国区域经济高质量发展评价指标体系及测度研究》，《中国软科学》2019年第7期。

［6］《不断实现人民对美好生活的向往》，《人民日报》2022年7月15日。

［7］任保平、李禹墨：《新时代我国经济从高速增长转向高质量发展的动力转换》，《经济与管理评论》2019年第1期。

［8］任保平：《创新中国特色社会主义发展经济学 阐释新时代中国高质量的发展》，《天津社会科学》2018年第2期。

［9］任磊、何薇、高宏斌、张超：《新时代公民科学素质发展目标的制定研

究》,《科普研究》2021年第4期。

[10] 王挺:《科普赋能中国式现代化的内在逻辑》,《科普研究》2022年第5期。

[11] 王伟:《中国经济高质量发展的测度与评估》,《华东经济管理》2020年第6期。

[12] 魏修建、杨镒泽、吴刚:《中国省际高质量发展的测度与评价》,《统计与决策》2020年第13期。

[13] 翟杰全:《科学普及和科学素质建设高质量发展:服务创新发展》,《科普研究》2021年第4期。

[14] 中共乐山市委讲师团:《深刻认识高质量发展的科学内涵和基本要求》,http://www.lsllw.cn/?p=12450,2020年11月17日。

[15] 《习近平:决胜全面建成小康社会　夺取新时代中国特色社会主义伟大胜利——在中国共产党第十九次全国代表大会上的报告》,http://www.gov.cn/zhuanti/2017-10/27/content_5234876.htm,2017年10月27日。

[16] 鲍静、贾开:《数字治理体系和治理能力现代化研究:原则、框架与要素》,《政治学研究》2019年第3期。

[17] 《北京位列全球科技创新中心第三名》,《北京日报》2022年12月20日。

[18] 《京津冀协同发展重大国家战略实施五周年成效》,北京市人民政府网站,2019年2月25日。

[19] 《数说十年 | 京津冀协同发展迈出坚实步伐　区域发展水平持续提升》,http://www.beijing.gov.cn/ywdt/zwzt/xyesd/ssjc/202210/t20221008_2830193.html,2022年10月8日。

[20] 陈璐主编《京津冀协同发展报告(2022)》,经济科学出版社,2022。

[21] 崔丹、李国平:《中国三大城市群技术创新效率格局及类型研究》,《中国科学院院刊》2022年第12期。

[22] 《市政协十三届四次会议〈关于大连在"沈大经济走廊"布局中的城

市发展定位研究的提案〉（第 99 号）的答复》，2021 年 6 月 21 日。

[23] 大连市人民政府办公室：《大连市科技创新发展"十四五"规划》，2021 年 12 月 20 日。

[24] 佛山市人民政府办公室：《佛山市科学技术发展"十四五"规划》，2022 年 5 月 10 日。

[25]《福建省人民政府办公厅关于印发福建省"十四五"科技创新发展专项规划的通知》，2021 年 11 月 1 日。

[26] 高培勇、袁富华、胡怀国等：《高质量发展的动力、机制与治理》，《经济研究参考》2020 年第 12 期。

[27] 龚轶、王峥、高菲：《城市群协同创新系统：内涵、框架与模式》，《改革与战略》2019 年第 9 期。

[28]《2022 年广东规模以上工业生产运行简况》，http：//stats.gd.gov.cn/tjkx185/content/post_4084156.html，2023 年 1 月 19 日。

[29]《广州市人民政府办公厅关于印发广州市科技创新"十四五"规划的通知》，https：//www.gz.gov.cn/zwgk/fggw/wyzzc/content/post_8300581.html，2022 年 2 月 17 日。

[30]《京津冀协同发展规划纲要》，2015 年 4 月 30 日。

[31] 国家发展和改革委员会：《促进中部地区崛起"十三五"规划》，2016 年 12 月 20 日。

[32]《长三角一体化发展上升为国家战略三年来进展新闻发布会图文实录》，http：//www.scio.gov.cn/xwfbh/xwbfbh/wqfbh/44687/47366/wz47368/Document/1715883/1715883.htm，2021 年 11 月 4 日。

[33] 黄应绘：《发展成果评价指标体系的构建》，《统计与决策》2018 年第 5 期。

[34] 惠州市统计局：《2022 年惠州规模以上工业生产运行简况》，http：//www.huizhou.gov.cn/hztjj/gkmlpt/content/4/4890/post_4890735.html#1030，2023 年 1 月 21 日。

[35] 纪玉山、吴勇民、白英姿：《中国经济增长中的科技创新乘数效应：

微观机理与宏观测算》,《经济学家》2008年第1期。

［36］《济南青岛：半岛城市群"双中心"》,《济南日报》2013年4月2日。

［37］姜文辉：《产业升级、技术创新与跨越"中等收入陷阱"——东亚和东南亚经济体的经验与教训》,《亚太经济》2016年第6期。

［38］科技部、上海市人民政府、江苏省人民政府、浙江省人民政府、安徽省人民政府：《关于印发〈长三角科技创新共同体联合攻关合作机制〉的通知》（国科发规〔2022〕201号）,2022年8月。

［39］中央财经大学中国人力资本与劳动经济研究中心：《中国人力资本报告2021》,2021年4月。

［40］马茹、罗晖、王宏伟等：《中国区域经济高质量发展评价指标体系及测度研究》,《中国软科学》2019年第7期。

［41］孟天广、张小劲：《大数据驱动与政府治理能力提升——理论框架与模式创新》,《北京航空航天大学学报》（社会科学版）2018年第1期。

［42］孟天广、李峰：《网络空间的政治互动：公民诉求与政府回应性——基于全国性网络问政平台的大数据分析》,《清华大学学报》（哲学社会科学版）2015年第3期。

［43］《大湾区内地9市先进制造业增加值占规上工业比重达55.9%》,《南方日报》2022年9月26日。

［44］南通市人民政府：《南通市"十四五"科技创新规划》,2021年11月3日。

［45］秦燕玲：《安徽银保监局：战略新兴产业产值占工业产值41%,成为辖区经济重要增长点》,《证券时报》2022年9月22日。

［46］泉州市人民政府：《泉州市"十四五"科技创新发展专项规划》,2022年1月10日。

［47］《提高全民科学素质服务高质量发展》,https://baijiahao.baidu.com/s?id=1703577098245705972&wfr=spider&for=pc,2021年6月26日。

［48］《江苏工业增加值十年连跨两个万亿台阶 多项指标列全国第一》，https：//baijiahao.baidu.com/s？id=1736209822664273860&wfr=spider&for=pc，2022年6月21日。

［49］《深刻认识习近平总书记关于科技创新与科学普及"两翼理论"的重大意义建议实施"大科普战略"的研究报告（系列三）》，《人民政协报》2021年12月15日。

［50］《深刻认识习近平总书记关于科技创新与科学普及"两翼理论"的重大意义建议实施"大科普战略"的研究报告（系列一）》，《人民政协报》2021年12月15日。

［51］《建设高素质创新大军需全民科学素质普遍提高》，http：//www.rmzxb.com.cn/c/2022-01-05/3019415.shtml，2022年1月5日。

［52］《携手共进，协同创新｜科技创新为长三角高质量一体化注入强劲动能》，长三角G60科创走廊公众号，2022年8月23日。

［53］上海市科学技术委员会、江苏省科学技术厅、浙江省科学技术厅、安徽省科学技术厅：《三省一市共建长三角科技创新共同体行动方案（2022—2025年）》，2022年9月21日。

［54］上海市科学技术委员会：《关于推进长三角科技创新共同体协同开放创新的实施意见》，http：//news.sgst.cn/doc/c5d605b79d37249fb4f8a384ed996d78，2022年4月12日。

［55］上海市人民政府：《上海市建设具有全球影响力的科技创新中心"十四五"规划》，2021年9月29日。

［56］上海市统计局：《2021年上海市国民经济和社会发展统计公报》，https：//m.thepaper.cn/baijiahao_17122850，2022年3月15日。

［57］深圳市科技创新委员会：《深圳市科技创新"十四五"规划》，http：//stic.sz.gov.cn/xxgk/kjgh/content/post_9936177.html，2022年7月7日。

［58］《关于发挥深圳在珠三角创新圈建设中协同带动作用的提案》，2017年5月12日。

[59]《国家发改委发文　推广深圳47条创新举措经验做法》,《深圳晚报》2021年7月28日。

[60]《创新驱动　引领发展　沈阳建设东北亚科技创新中心》,《沈阳日报》2018年7月4日。

[61] 孙兆:《〈中国城市科技创新发展报告(2022)〉发布》,《中国经济时报》2023年2月13日。

[62] 汤书昆:《全民科学素质是社会文明进步的基础》,《科普研究》2021年第4期。

[63] 唐山市人民政府办公室:《唐山市科技创新"十四五"规划》,2022年4月29日。

[64] 天津市人民政府办公厅:《天津市科技创新"十四五"规划》,2021年8月12日。

[65] 田野、张倩雨:《全球化、区域分化与民粹主义——选举地理视角下法国国民阵线的兴起》,《世界经济与政治》2019年第6期。

[66] 佟贺丰、刘娅、黄东流:《中国部门科普工作的定量评价与分析》,《全球科技经济瞭望》2017年第9期。

[67] 汪同三:《深入理解我国经济转向高质量发展》,《共产党人》2018年第13期。

[68] 王海燕、郑秀梅:《创新驱动发展的理论基础、内涵与评价》,《中国软科学》2017年第1期。

[69] 王娟、张一、黄晶等:《中国数字生态指数的测算与分析》,《电子政务》2022年第3期。

[70] 王娟:《数字经济驱动经济高质量发展:要素配置和战略选择》,《宁夏社会科学》2019年第5期。

[71] 王湛:《2022年浙江省高新技术产业发展报告出炉,科技成我省经济发展主动能》,《钱江晚报》2022年12月28日。

[72] 魏敏、李书昊:《新常态下中国经济增长质量的评价体系构建与测度》,《经济学家》2018年第4期。

[73] 武汉市发展和改革委员会:《武汉市国民经济和社会发展第十四个五年规划和 2035 年远景目标纲要》, 2021 年 4 月。

[74] 武汉市科技局:《武汉市科技创新发展"十四五"规划》, https://www.whstr.org.cn/zc_402/4/4364.html, 2022 年 12 月 20 日。

[75] 向连:《东莞:"科技创新+先进制造"推动高质量发展》,《科技日报》2022 年 10 月 25 日。

[76] 《中共中央 国务院印发〈长江三角洲区域一体化发展规划纲要〉》, 2019 年 12 月 1 日。

[77] 《国家中心城市指数首次发布》, http://m.xinhuanet.com/ha/2018-11/05/c_1123661700.htm, 2018 年 11 月 5 日。

[78] 《习近平在中国科学院第十九次院士大会、中国工程院第十四次院士大会上的讲话》, http://www.xinhuanet.com/2018-05/28/c_1122901308.htm, 2018 年 5 月 28 日。

[79] 杨宇:《多指标综合评价中赋权方法评析》,《统计与决策》2006 年第 13 期。

[80] 叶堂林、李璐、王雪莹:《我国东部三大城市群创新效率及影响因素对比研究》,《科技进步与对策》2021 年第 11 期。

[81] 余子牛、刘艺璇:《促进经济高质量发展的要素供给机制研究》,《学习与实践》2019 年第 11 期。

[82] 袁玮:《提高公众科学文化素质 营造有利于创新的文化环境》,《天津科技》2004 年第 4 期。

[83] 张建萍、刘希玉:《基于聚类分析的 K-means 算法研究及应用》,《计算机应用研究》2007 年第 5 期。

[84] 张涛:《高质量发展的理论阐释及测度方法研究》,《数量经济技术经济研究》2020 年第 5 期。

[85] 长三角一体化发展领导小组办公室:《长三角一体化发展规划"十四五"实施方案》, 2021 年 10 月 10 日。

[86] 赵剑波、史丹、邓洲:《高质量发展的内涵研究》,《经济与管理研

究》2019 年第 11 期。

[87] 中共北京市委：《北京市"十四五"时期国际科技创新中心建设规划》，http://fgw.beijing.gov.cn/fgwzwgk/zcgk/ghjhwb/wnjh/202205/t20220517_2712021.htm，2022 年 11 月 24 日。

[88] 中共中央、国务院：《粤港澳大湾区发展规划纲要》，2019 年 2 月 18 日。

[89] 何忠国：《为什么要把握好高质量发展这个总要求》，新华网，2021 年 3 月 16 日。

[90] 《国家统计局解读 2020 年中国创新指数》，http://www.gov.cn/shuju/2021-10/29/content_5647564.htm，2021 年 10 月 29 日。

[91] 《中共中央 国务院印发〈国家创新驱动发展战略纲要〉》，http://www.gov.cn/zhengce/2016-05/19/content_5074812.htm，2016 年 5 月 19 日。

[92] 《中共中央 国务院印发〈长江三角洲区域一体化发展规划纲要〉》，2019 年 12 月 1 日。

[93] 《珠海市人民政府关于印发珠海市科技创新"十四五"规划的通知》，2021 年 12 月 25 日。

[94] Cowan R., Jonard N., "Network Structure and the Diffusion of Knowledge," *Journal of Economic Dynamics and Control*, 2004 (28).

[95] Hague B. N., Loader B. D., "Digital Democracy: Discourse and Decision Making in the Information Age," Routledge, 1999.

[96] Miller J. D., "A Conceptual and Empirical Review," *Daedalus*, 1983, 112 (2).

[97] Wishart D., *K-Means Clustering with Outlier Detection, Mixed Variables and Missing Values*. Springer Berlin Heidelberg, 2003.

[98] Horst, Hanusch, Andreas, et al., *Principles of Neo-Schumpeterian Economics*. Camb. j. econ, 2007.

[99] March J. G., "Exploration and Exploitation in Organizational Learning,"

Organization Science, 1991, 2 (1).

[100] Phelps E. S., *Mass Flourishing: How Grassroots Innovation Created Jobs, Challenge, and Change*. Princeton: Princeton University Press, 2013.

[101] Romer, Paul M., "Increasing Returns and Long-Run Growth," *Journal of Political Economy*, 1986, 94 (5).

[102] Rostow W. W., *Politics and the Stages of Growth*. University Press, 1971.

[103] Sambasivam S., Theodosopoulos N., "Advanced Data Clustering Methods of Mining Web Documents," In SITE 2006: Informing Science+IT Education Conference. 2006.

[104] Wenstrup J., Andersen P., Clair W. S., Better Together: The Cascadia Innovation Corridor Opportunity.

图书在版编目（CIP）数据

公民科学素质高质量发展指数构建与评价／任磊等著.--北京：社会科学文献出版社，2023.11
ISBN 978-7-5228-2351-5

Ⅰ.①公… Ⅱ.①任… Ⅲ.①公民-科学-素质教育-发展-指数-研究-中国 Ⅳ.①G322

中国国家版本馆 CIP 数据核字（2023）第 154056 号

公民科学素质高质量发展指数构建与评价

著　者／任　磊　高宏斌　严　洁　等

出 版 人／冀祥德
责任编辑／张　媛
责任印制／王京美

出　　版／社会科学文献出版社·皮书出版分社（010）59367127
　　　　　地址：北京市北三环中路甲29号院华龙大厦　邮编：100029
　　　　　网址：www.ssap.com.cn

发　　行／社会科学文献出版社（010）59367028
印　　装／三河市东方印刷有限公司

规　　格／开　本：787mm×1092mm　1/16
　　　　　印　张：10.75　字　数：163千字

版　　次／2023年11月第1版　2023年11月第1次印刷

书　　号／ISBN 978-7-5228-2351-5
定　　价／89.00元

读者服务电话：4008918866

版权所有 翻印必究